高等职业教育建筑设计类专业系列教材

建筑装饰材料与施工工艺

主　编　赵丽华　薛文峰
参　编　陈桂如　师相永　马亚伟

机 械 工 业 出 版 社

本书共分 8 章，外加绪论，详细介绍了建筑装饰材料的基础知识，对常见建筑装饰材料的特点、适用对象及其施工工艺进行了讲解。

本书根据现行标准和施工工艺编写，并纳入了新的建筑装饰材料。本书主要介绍了石材装饰材料、木材装饰材料、陶瓷装饰材料、玻璃装饰材料、金属装饰材料、石膏装饰材料、涂料装饰材料和织物装饰材料。

本书可作为高等院校相关专业的教材，还可作为从事室内设计和装修工作人员的参考用书。

图书在版编目（CIP）数据

建筑装饰材料与施工工艺／赵丽华，薛文峰主编.—北京：机械工业出版社，2021.9（2023.7 重印）

高等职业教育建筑设计类专业系列教材

ISBN 978-7-111-69351-2

Ⅰ.①建… Ⅱ.①赵… ②薛… Ⅲ.①建筑材料-装饰材料-高等职业教育-教材 ②建筑装饰-工程施工-高等职业教育-教材 Ⅳ.①TU56②TU767

中国版本图书馆 CIP 数据核字（2021）第 205121 号

机械工业出版社（北京市百万庄大街 22 号　邮政编码 100037）

策划编辑：常金锋　责任编辑：常金锋　陈将浪

责任校对：樊钟英　责任印制：常天培

北京机工印刷厂有限公司印刷

2023 年 7 月第 1 版第 4 次印刷

184mm×260mm · 11.25 印张 · 271 千字

标准书号：ISBN 978-7-111-69351-2

定价：36.00 元

电话服务　　　　　　　网络服务

客服电话：010-88361066　机 工 官 网：www.cmpbook.com

　　　　　010-88379833　机 工 官 博：weibo.com/cmp1952

　　　　　010-68326294　金 书 网：www.golden-book.com

封底无防伪标均为盗版　机工教育服务网：www.cmpedu.com

前　言

　　"建筑装饰装修材料"和"建筑装饰装修施工技术"是建筑装饰工程技术专业的主干课。自从开设建筑装饰工程技术专业以来，很多院校的这两门课是分别上课的，有各自的配套教材。但这两门课在现实中是"你中有我、我中有你"的，互相联系得非常紧密，很难割裂，分别讲授有很多弊端。同时，在土木工程学院，建筑工程技术专业需要一门集装饰材料和装饰施工于一体的综合性课程来为毕业设计做知识储备，工程造价专业也需要一门装饰材料和装饰施工组合讲解的职业拓展课程。

　　本书就是在这个背景下应运而生的，它是教学改革的产物，把建筑装饰装修材料和建筑装饰装修施工技术的相关知识点有机地融合在一起，成为与整合后的课程配套的全新教材。本书在重印时，编者队伍深入学习贯彻党的二十大精神，以学生的全面发展为培养目标，融"知识学习、技能提升、素质教育"于一体，严格落实立德树人根本任务。全书配有大量的施工现场图片，所讲材料、工具均为市场在售产品，可以帮助学习者充分掌握市面上主流建筑装饰材料的具体品种、特性和规格等。各章在介绍施工工艺时，均配有构造图或施工现场图，并提供了翔实的参考资料，可以帮助学习者掌握建筑装饰施工中不同施工工艺的具体操作方法。本书在每章后均设置了随堂测试，便于教学使用。

　　本书由扬州市职业大学赵丽华、薛文峰担任主编，参与本书编写的有扬州工业职业技术学院陈桂如、扬州市职业大学师相永、扬州市职业大学马亚伟。赵丽华负责设计全书的结构和统稿，并编写绪论和第一章、第五章、第七章，薛文峰编写第二章、第六章，陈桂如编写第四章，师相永编写第三章，马亚伟编写第八章。

　　由于本书是课程改革的产物，限于作者水平，书中难免会出现一些不足和纰漏之处，希望采用本书的同行能在实际的教学过程中提出建设性的意见，以便以后我们不断改进和完善。

编　者

微课资源列表

序号	名称	二维码	页码	序号	名称	二维码	页码
1	大理石介绍		5	10	轻钢龙骨石膏板吊顶		97
2	人造石材		5	11	石膏基础知识		122
3	木材基础知识		30	12	其他石膏装饰材料		122
4	木地板施工		30	13	轻钢龙骨石膏板隔墙施工工艺		122
5	装饰陶瓷墙地砖		57	14	油漆的基础知识		136
6	地面砖施工工艺		57	15	特种功能漆		136
7	新型玻璃		77	16	壁纸装饰材料		155
8	装饰玻璃		77	17	地毯装饰材料		155
9	金属基础知识		97	18	窗帘装饰材料		155

思政映射与融入点：课程教学中将思想政治教育内容与专业知识技能教育内容有机融合

教学章节	授课知识点	课程思政映射与融入点	授课形式与教学方法	课程思政育人目标
第一章	石材选用原则	介绍天然石材在实际工程中选用时的原则和注意事项	讲授式：讲解法、小组讨论	培养科学规范、严谨求实、遵纪守法、爱岗敬业的职业道德
第二章	木材的基础知识	1. 介绍木材用于建筑和装饰工程已有悠久的历史 2. 介绍中国传统优秀建筑	讲授式：讲解法、小组讨论	1. 增强民族自信心和自豪感 2. 厚植爱国主义情怀
第二章	人造板材	1. 介绍人造板材的特点和应用 2. 介绍各种人造板材相关标准	讲授式：讲解法、小组讨论	增强爱护自然、爱护环境、节约资源、和谐共处意识
第三章	陶瓷的基础知识	1. 介绍中国传统陶瓷悠久的历史 2. 介绍传统陶瓷丰富的釉面装饰工艺	讲授式：讲解法、小组讨论	1. 增强民族自信心和自豪感 2. 厚植爱国主义情怀
第三章	陶瓷的施工工艺	1. 介绍陶瓷墙地砖施工工艺过程和质量要求 2. 案例分析，针对施工质量问题做出解决方案	讲授式：讲解法、小组讨论	1. 突出培育求真务实、精益求精、追求卓越的工匠精神 2. 培养学生踏实严谨、耐心专注、吃苦耐劳等优秀品质
第四章	装饰玻璃	介绍各种装饰玻璃材料性能和装饰应用	讲授式：讲解法、小组讨论	突出培育高尚的文化素养、健康的审美情趣、乐观的生活态度
第五章	金属装饰材料施工工艺	介绍一起吊顶坍塌事故引出轻钢龙骨石膏板吊顶施工过程和质量要求	讲授式：讲解法、小组讨论	1. 初步建立工程思维，具备工程质量、安全环保的意识 2. 培养"敬业、精益、专注、创新"的大国工匠精神
第六章	石膏装饰材料特点	介绍石膏装饰材料环保性的突出特点有哪些方面，介绍行业优秀企业	讲授式：讲解法、小组讨论	1. 初步建立使用绿色环保材料的思维，具备材料质量、安全环保的意识 2. 培养正确的人生观、价值观和不畏险阻、吃苦耐劳的精神
第七章	艺术油漆	介绍艺术涂料的种类，以及材料特点	讲授式：讲解法、小组讨论	突出培育高尚的文化素养、健康的审美情趣、乐观的生活态度
第八章	织物装饰材料施工工艺	介绍壁纸的施工过程	讲授式：讲解法、小组讨论	突出诚信意识、顾客至上、质量与服务、公平与效率等价值理念

目　录

绪　　论

一、建筑装饰材料

在一个建筑装饰装修项目的全过程中，装饰材料的质量和环保性能决定了装修的质量与品质，尤其是目前装修中大量采用的暗装形式，装修材料一旦出现问题，维修将会很棘手。因此，无论是业主还是建筑装饰行业的从业人员，都有必要了解装饰材料的性能、规格及应用特点。学习装饰材料，要掌握的不仅仅是理论上的各种实验数据，更要关注这些材料有哪些优缺点，并据此选购和应用。

1. 装饰材料的特征及功能

在装修中，装饰材料具有美化和优化空间、保护和改善使用功能的作用。比如地面装饰不仅美化了地面，还保护了楼板及地坪；墙面装饰既保护了墙体及墙体内铺设的各种线路等隐蔽工程，又保障了室内环境舒适美观；顶面装饰不仅满足了墙面装饰的美观性要求，还具有一定的耐脏、轻质等功能。

2. 装饰材料的现状及趋势

在装饰材料的用材方面，越来越多的装饰材料采用高强度纤维或聚合物与普通材料进行复合，这在提高装饰材料强度的同时降低了重量，近些年常用的铝合金制材、镁铝合金扣板、人造石、防火板等产品即是其中的典型代表。同时，装饰材料还在向大规格的方向发展，如陶瓷墙地砖，以前的尺寸往往较小，现在则多采用 600mm × 600mm、800mm × 800mm、甚至 1000mm × 1000mm 等较大规格的墙地砖。

此外，由于现场施工的局限性，很多产品开始进入工业化生产的阶段，比如橱柜、衣柜、背景墙、玻璃隔断墙和各类门窗等产品，目前很多都是采用厂家定制生产的方式。相对来说，厂家定制生产出来的产品在精度和质量上更有保障。

3. 装饰材料的主要种类

装饰材料种类繁多，按材质分类有石材、木材、陶瓷、玻璃、金属、塑料、无机矿物、涂料、纺织品等；按功能分类有吸声、隔热、防水、防潮、防火、防霉、耐酸碱等；按装饰部位分类则有墙面装饰材料、顶棚装饰材料、地面装饰材料、内墙装饰材料和外墙装饰材料等。

按照建筑装饰行业的习惯，装饰材料又可分为主材和辅料两大类。主材通常指的是在装修中大面积使用的材料，如木地板、墙地砖、背景墙、石材、墙纸、整体橱柜、洁具卫浴设备等。辅料可以理解为除了主材外的所有其他材料。辅料的范围很广，包括水泥、砂、板材等大众材料在内，其他的例如腻子粉、白水泥、胶粘剂、石膏粉、铁钉、螺钉、气钉等小件材料也视为辅料；甚至水电改造工程中的水管、电线、线管、暗盒等也可以视为辅料。装修中常用的装饰材料可以分为水电材料、泥水材料、木工材料、扇灰及油漆材料和其他软装饰材料，具体材料分类见表0-1。

表 0-1　装修中常用的装饰材料

施工材料	主要种类
水电材料	电线、电线套管、底盒、开关插座、漏电保护器、照明光源、灯具、PP－R 给水管、铝塑复合管、PVC－U 排水管、卫浴洁具等
泥水材料	水泥、砂、砖、钉子、胶凝材料、仿古砖、玻化砖、釉面砖、微晶砖、瓷砖背景墙、天然石材、人造石材、踢脚板等
木工材料	石膏板、铝扣板、木龙骨、轻钢龙骨、钢化玻璃、热熔玻璃、夹板、饰面板、门锁、门吸、合页、石膏线条、木线条、实木地板、复合地板、纯毛地毯、化纤地毯、塑钢门窗、铝合金门窗等
扇灰及油漆材料	乳胶漆、硅藻泥、墙纸、墙布、清漆、调合漆等
其他软装饰材料	窗帘、地毯、装饰画、装饰品、植物等

二、建筑装饰施工

1. 装修风格的确定

装修的设计风格很多，目前国内常见的有现代主义风格、自然主义风格、欧式风格、美式田园风格、东南亚风格、后现代风格、中式风格以及和式风格等。装修风格的确定不仅让设计师更容易把握设计的立足点，同时也让施工人员更容易表达所需要的装修效果。

2. 设计方案的审查

装修设计要以方案设计的形式形成一整套的设计文件，主要包括施工图和效果图两大类，此外还有预算文件、合同以及装修使用的材料说明与工艺说明等。

对于装修不是很熟悉的业主而言，看效果图是让其了解装饰效果最直接的方式，同时也是装饰公司打动业主的有效方式。对于施工队而言，施工图是施工时十分重要的参照物。工程造价的审查也是甲、乙双方关注的重点，应该对每项子项目的数量、单价、人工费用等进行核对，以保证造价的合理、科学、有效。

3. 装饰施工基本流程

装饰施工基本流程如下：

开工前材料进场→主体拆改→定制物品的设计和测量→水电改造→防水、闭水试验→各种隐蔽工程→铺瓷砖→木工作业、墙面乳胶漆→油饰→厨卫吊顶→木门、橱柜等安装→木地板工程→壁纸工程→各种安装作业→保洁→家具、电器、配饰入场（以上流程在实际施工过程中可能会有些变动）。

装饰施工部分项目的建议订购时间见表 0-2。

表 0-2　装饰施工部分项目的建议订购时间

建议订购时间	项目	备注
开工前	防盗门	最好开工时就安装防盗门，防盗门的定制周期为一周左右
	水泥、沙、腻子等	开工就要运到工地，不需要预定
	白乳胶、腻子、砂等	开工就要运到工地，不需要预定

（续）

建议订购时间	项目	备　注
墙体改造完成后	橱柜、浴室柜	墙体改造完毕就需要商家上门测量，确定设计方案，其方案会影响到水电改造工程
	散热器和地暖系统	墙体改造完毕就需要商家上门改造供暖系统。散热器可以与水工同时订购，以便水工确认接口的型号、尺寸，贴好瓷砖后再安装即可。安装地暖的业主，在水电改造完毕后即可进行地暖施工，要注意保留地暖管在地下的走向位置图
	水槽、面盆	需在橱柜设计前确定，其型号和安装位置会影响到水路改造方案和橱柜设计方案
	油烟机、灶具、小厨宝	需在橱柜设计前确定，其型号和安装位置会影响到水路改造方案和橱柜设计方案
	室内门	墙体改造完毕需要商家上门测量，现场制作的门则不需要墙体改造
	塑钢门窗	墙体改造完毕就需要商家上门测量
水电改造前	水路改造相关材料	墙体改造完毕就需要工人开始工作，这之前要确定施工方案，并确保材料到场
	排风扇、浴霸	其型号和安装位置会影响到电路改造方案。应在水电安装之前购买，以便厂商安排上门勘测以配合水管铺设。由于涉及水管和电线排布，所以在水电施工时安装比较好
	电路改造相关材料	墙体改造完毕就需要工人开始工作，这之前要确定施工方案，确保材料到场
	热水器	其型号和安装位置会影响到水电改造方案
	浴缸、淋浴房	其型号和安装位置会影响到水电改造方案，安装则在瓷砖挡水安装完毕后再进行
	水处理系统	其型号和安装位置会影响到水电改造方案和橱柜设计方案
防水前工程	防水材料	水电改造完毕即可进行防水工程施工，防水涂料不需要预定
泥工入场前	瓷砖、勾缝剂	水电改造完毕即铺设瓷砖，瓷砖有时候需要预定
	石材	窗台、地面、门槛、踢脚板等可能用到石材，需要提前3~4d预定，要先确定尺寸
	背景墙	背景墙是室内装饰的重要区域之一，目前大多采用个性定制的做法。有些背景材料如玻璃等材料需要提前1周预定；如果个性定制背景墙的话，可能时间要更长。比如瓷砖背景墙产品，如果需要根据业主的背景墙尺寸定制，最少需要3d，工艺复杂的背景墙甚至需要10d以上。再考虑到线上购买后的物流时间，一般个性定制背景墙产品需预留15d左右的工期比较合适
泥工进行时	地漏	不需要预定，铺瓷砖时同时安装
泥工开始后	吊顶材料	泥工铺贴完瓷砖3d左右就可以吊顶，吊顶一般需要提前3~4d确定尺寸

（续）

建议订购时间	项目	备　注
木工进场前	龙骨石膏板铝扣板	铝扣板需要提前 3~4d 确定尺寸并预定。其余不必预定，一般在水电管线铺设完毕后购买即可
	大芯板、夹板、饰面板	木工进场前购买，不需要预定
	衣帽间	一般在基本装修完成后开始安装，但是需要 1~2 周的生产周期
	电视背景墙材料	有些背景墙材料需要预定（例如玻璃要提前一周预定）
	门锁、门吸、合页	不需要预定，房门安装到位后可订购门锁，建议和成品门同时订购
较脏的工程完成后	木地板	水电、墙面施工结束后可以开始木地板安装。需要提前 1 周订货，如果商家负责安装，需要提前 2~3d 预约安装时间
	乳胶漆、油漆	墙体基层处理完毕就可以刷乳胶漆，不需要预定
	壁纸	地板安装完毕后可以贴壁纸，进口壁纸需要 20d 左右。如果商家负责铺装，铺装前 2~3d 预定
开始全面安装前	水龙头、厨卫五金件	一般不需要定制，但挂墙水龙头需要提前定位；其余水龙头可以在装修工程后期购买，与洁具安装同步
	镜子等	如果定制，需要 45d 的制作周期，镜子一般是在保洁前安装好。需要注意的是，镜灯的具体位置需在水电施工前预留
	坐便器等洁具	不需要预定洁具，可以迟一些安装，以免损坏
	灯具	非定制灯具均不需要预定
	开关面板	不需要预定。开关数量不需过早确定，以免发生后期变更。一般建议墙面涂装结束后、电工准备安装开关和灯具前提前几天订购即可

第一章 石材装饰材料

本章所讲的石材既包括天然石材，也包括人造石材。石材是人类建筑史上应用较早的建筑材料之一。大部分的天然石材具有强度高、耐久性好、抗冻、耐磨、蕴藏量丰富、易于开采加工等特点，因此一直为人们所青睐，广泛应用于地面、墙面、柱面、楼梯、建筑屋顶、栏杆、隔断、柜台、洗漱台等部位的装饰。

大理石介绍

人造石材

天然石材是建筑装饰材料的高档产品，随着科技的不断进步，人造石材产品的质量已不逊色于天然石材。

1.1 岩石的基础知识

1.1.1 岩石的概念

岩石是地壳和地幔的物质基础，是地质作用下一种或几种矿物的集合体。地壳发生变动，地壳深处高温熔融的岩浆缓慢上升接近地表，形成巨大的深成岩体以及较小的侵入岩，如岩脉、熔岩流和火山。岩浆在入侵地壳或喷出地表的冷却过程中形成岩浆岩，如花岗石。地壳运动使岩石上升到地表，经风化侵蚀作用或火山作用使岩石成为碎屑，被冰川、河流和风力搬运，在地表及地下不太深的地方形成岩石沉积岩，因此易于开采，如岩土和页岩。大多数沉积物都堆积在大陆架，通过海底峡谷搬运沉积到更深的海底。在大规模的造山运动中，在高温高压作用下，沉积岩和岩浆岩在固体状态下发生再结晶作用变成变质岩，如片岩和片麻岩。在地表常温、常压条件下，岩浆岩和变质岩又可以通过母岩的风化侵蚀作用和一系列沉积作用形成沉积岩。变质岩和沉积岩进入地下深处后，温度、压力进一步升高促使岩石发生熔融形成岩浆，经结晶作用变成岩浆岩，从而形成新的造岩循环。

1.1.2 天然石材的来源与特点

天然石材来自岩石，岩石按形成条件可分为火成岩、沉积岩和变质岩三大类。

1. 火成岩

火成岩又称为岩浆岩，是地壳内部岩浆冷却凝固而成的岩石，是组成地壳的主要岩石，按地壳质量计量，火成岩占89%。由于岩浆冷却条件不同，所形成的岩石具有不同的结构性质，根据岩浆冷却条件，火成岩分为三类：深成岩、喷出岩和火山岩。

（1）深成岩 深成岩是岩浆在地壳深处凝成的岩石，由于冷却过程缓慢且较均匀，同时覆盖层的压力又相当大，因此有利于组成岩石矿物的结晶，形成较明显的晶粒，不通过其他胶结物质就可结成紧密的大块。深成岩的抗压强度较高，吸水率较小，表观密度及热导率较大。由于孔隙率较小，因此可以磨光，但过于坚硬难以加工。工程中常用的深成岩有花岗石、正长岩和橄榄岩等。

（2）喷出岩　喷出岩是岩浆在喷出地表时经受了急剧降压和快速冷却过程形成的。在这种条件的影响下，岩浆来不及完全形成结晶体，而且不可能形成粗大的结晶体。所以，喷出岩常呈非结晶的玻璃质结构、细小结晶的隐晶质结构，以及当岩浆上升时即已形成的粗大晶体嵌入在上述两种结构中的斑状结构。当喷出岩形成很厚的岩层时，其结构与性质接近深成岩；当形成较薄的岩层时，由于冷却快，多数形成玻璃质结构及多孔结构。工程中常用的喷出岩有辉绿岩、玄武岩及安山岩等。

（3）火山岩　火山爆发时岩浆喷入空气中，由于冷却极快、压力急剧降低，落下时形成的具有松散多孔、表观密度较小的玻璃质物质称为散粒火山岩。若散粒火山岩堆积在一起，受到覆盖层压力作用及岩石中的天然胶结物质的胶结，即可形成胶结的火山岩，如氟石等。

2. 沉积岩

沉积岩旧称水成岩，是露出地表的各种岩石在外力作用下，经风化、搬运、沉积、成岩四个阶段，在地表及地下不太深的地方形成的。沉积岩的主要特征是呈层状，外观多层理和含有动植物化石，沉积岩中所含矿产极为丰富，有煤、石油、锰、铁、铝、磷、石灰石和盐岩等。沉积岩仅占地壳质量的5%，但其分布极广，工程中常用的沉积岩有石灰岩、砂岩等。

3. 变质岩

变质岩是原岩石发生变质再结晶，矿物成分、结构等发生改变形成的新岩石，一般由岩浆岩变质成的称为正变质岩，由沉积岩变质成的称为副变质岩。按地壳质量计，变质岩占65%。工程中常用的变质岩有大理石、石英岩和片麻岩等。

1.2　装饰石材的基础知识

1.2.1　装饰石材的分类

装饰石材主要分为天然石材和人造石材两大类。天然石材根据岩石类型、成因及石材硬度不同，可分为花岗石、大理石、砂岩、板岩和青石五类。其中，砂岩、板岩和青石因其独特的肌理和质地，能够增强空间界面的装饰效果，又可被统一归类为天然文化石。人造石材根据生产材料和制造工艺不同，可分为聚酯型人造石材、水泥型人造石材、复合型人造石材和微晶玻璃型人造石材等；根据集料不同，又可分为人造花岗石、人造大理石和人造文化石等。

1.2.2　饰面石材的开采与加工

从矿山开采出来的石材荒料运到石材加工厂后经一系列加工过程才能得到具有各种饰面的石材制品。石材的开采方法分为孔内刻槽爆破劈裂、液压劈裂、凿岩爆裂、火焰切割、爆裂管控制爆破、金刚石串珠锯和圆盘锯切割等，不同的开采方法在开采工艺的不同阶段有不同的作用，可产生不同的效果。一般石材产品的加工工艺流程如下：

（1）选料　选料是石材产品生产加工的第一道工序，即源头工序，要选符合加工单要求的材料（品种、等级、颜色、花纹、材质状况），同时兼顾出材率。

（2）开料　开料是石材产品加工的第二道工序，要按加工单要求的厚度及规格开料。

（3）调色　天然石材本身具有色差，为保证安装的整体效果，成型加工前必须进行调色工作，除非该材料没有色差可直接施工。

（4）成型　调色完成后，利用各类设备、工具，按加工单要求的形状对石材进行成型的过程就是成型。

（5）切角　切角本身就是成型的一种，有的是成型以后即可切角，有的是在打磨抛光以后再切角。

（6）抛光　抛光是指将石材产品磨削至见光。

（7）检验　检验要确保石材产品各项指标符合加工单要求。

（8）包装入库　包装入库是指按加工单要求，利用既定的材料对石材产品进行包装保护，然后登记入库。

1.2.3　常见石材产品的分类

常见石材产品的分类见表1-1。

表1-1　常见石材产品的分类

异型类	实物图例	板材类	实物图例
线条：直位线条、弧位（弯位）线条、三维线条		异型板材：正方形或者长方形以外的板材	
弧板：空心柱弧板、弧形墙弧板、一般的弧形立板等		规格板材：正方形或者长方形板材	
柱类：实心圆柱、罗马柱、扭纹柱、柱头、柱座		拼花：拼条、一般拼花、水刀拼花	
旋转楼梯，包括盖板、立板、侧板、踏步面板等		马赛克：马赛克系列产品	
雕刻品：人物、动物等的各类雕刻品		复合板：复合板系列产品	

1.2.4　石材产品检验

（1）颜色、花纹　同一批板材的花纹、色调应基本调和。检验时将选定的样板与被检板材同时平放在地面上，距1.5m目测。

（2）规格尺寸的偏差（加工尺寸）　规格尺寸的长、宽是指测量板材两边的长、宽及中间部位的长、宽各三个数值后得到的平均值，而厚度是指测量各边中间厚度的四个数值的平均值。普通板材的规格尺寸允许偏差应符合设计规定，异型板材规格尺寸的允许偏差由供需双方商定。

（3）平整度　平整度是指饰面板材磨光面的平整程度。国家标准规定了异型板材表面平整度的极限公差。

（4）角度偏差　角度偏差是指板材正面各角与直角偏差的大小，用板材角部与标准钢角尺之间的缝隙尺寸（单位"mm"）表示。测量时采用90°钢角尺，将角尺的长、短边分别与板材的长、短边靠紧，用塞尺测量板材与角尺短边的间隙尺寸。当被检角大于90°时，测量点在角尺根部；当角尺长边大于板材长边时，测量板材的两对角；当角尺的长边小于板材长边时，测量板材的四个角。以最大间隙的塞尺片读数表示板材的角度极限公差。角度极限公差应符合设计要求，对于拼缝板材，正面与侧面的夹角不得大于90°；异型板材的角度极限公差由供需双方商定。

（5）物理、化学性能

1）表观密度。天然石材根据表观密度的大小可分为轻质石材（表观密度≤1800kg/m³）和重质石材（表观密度＞1800kg/m³）。在通常情况下，同种石材的表观密度越大，则抗压强度就越高，吸水率越小，耐久性越好，热导率越好。

2）吸水性。通常用吸水率表示石材的吸水性。石材的孔隙率越大，吸水率越大；石材的孔隙率相同时，开口孔数越多，吸水率越大。

3）耐水性。通常用软化系数表示石材的耐水性。岩石中含的黏土或易溶物质越多，岩石的吸水性就越强，其耐水性越差。

4）抗冻性。抗冻性是指石材抵抗冻融破坏的能力，石材的抗冻性与吸水率有密切的关系，吸水率越大的石材抗冻性越差。通常吸水率小于0.5%的石材是抗冻的。

5）耐热性。石材的耐热性与石材的化学成分及矿物组成有关。石材经高温后，热胀冷缩导致体积变化从而产生内应力，或因组成矿物发生分解和变异等导致结构破坏，可以认为温度越高，石材的耐热性越差。

6）抗压强度。石材的抗压强度通常用100mm×100mm×100mm的立方体试件的抗压破坏强度的平均值表示。

7）冲击吸收能量。石材的冲击吸收能量取决于石材的矿物组成与构造，石英岩、硅质砂岩脆性较大，冲击吸收能量较高；含暗色矿物较多的长岩、辉绿岩等具有较高的冲击吸收能量。通常，晶体结构的石材比非晶体结构的石材冲击吸收能量要高。

8）硬度。石材的硬度取决于选岩矿物的硬度与构造，凡是由致密坚硬的矿物组成的石材，其硬度均较高。石材的硬度用莫氏硬度来表示。

9）耐磨性。石材在使用条件下抵抗摩擦、边缘剪切以及冲击等复杂作用的能力称为耐磨性。石材的耐磨性包括耐磨损与耐磨耗。凡是用于可能遭受磨损作用的场所，如台阶、人行道、地面、楼梯踏步以及其他可能遭受磨耗作用的场所，如道路路面的碎石等，应采用具有高耐磨性的石材。

1.2.5　常见石材产品的饰面效果

常见石材产品的饰面效果见表1-2。

表1-2　常见石材产品的饰面效果

实物图例	石材产品	效　　果
	镜面板	石材表面具有较强反射光线的能力，拥有良好的光滑度，可使石材最大限度地显示固有的色泽、花纹，最终使饰面板具有镜面反射效果
	亚光板	光泽度在15°～25°的石材可称为亚光面。这个区间的光泽度柔和且不显粗糙，可呈现一种很有特色的装饰效果——表面平整无光泽
	喷砂面	喷砂面是用石材喷砂机做出来的一种技术效果，能够依据石材硬度制成所需深浅、均匀程度的效果
	火烧面	火烧面是将锯切后的石材毛板用火焰进行表面喷烧，利用某些矿物在高温下开裂的特性进行表面"烧毛"，使石材恢复天然的粗糙表面，以达到独特的色彩和质感。大部分火烧面加工成平整且具有粗糙肌理的效果
	水洗面	水洗面和火烧面其实是一样的，表面表现为"麻面"。水洗面是利用高压水枪直接冲击石材表面形成的水洗效果。根据石材的密度和结构，采用水洗面的一般都是大理石，而火烧面在花岗岩中应用较多
	剁斧板	剁斧板是指石材表面以均匀的金属工具（錾斧）按顺序开凿，并留出规则痕迹
	刨切面	刨切面是指使用刨床式刨石机对毛板表面进行往复式刨切，使石材表面形成有规律的平行沟槽或制纹。这是一种粗面板材的加工方式，最终使饰面板成为平整且具有规则条纹的机制板
	荔枝面	荔枝面石材是用形如荔枝皮的锤子在石材表面敲击而成的，在石材表面形成形如荔枝皮的粗糙表面，多见于雕刻品表面或广场石等的表面。荔枝面分为机荔面（机器）和手荔面（手工）两种，一般而言手荔面比机荔面更细密一些，但费工费时

1.3　天然花岗石

　　花岗石又叫麻石，一般是从火成岩中开采出来的，主要成分是二氧化硅。花岗石在室内外装修中应用广泛，具有硬度高、抗压强度大、孔隙率小、吸水率低、导热快、耐磨性好、耐久性高、抗冻、耐酸、耐腐蚀、不易风化、表面平整光滑、棱角整齐、色泽持续力强且色泽稳重大方等特点，是一种较高档的装饰材料。

1.3.1 花岗石的组成和外观特征

（1）化学成分 花岗石的主要化学成分是二氧化硅，含量为65%～85%，化学性质呈弱酸性。

（2）矿物成分 花岗石的主要矿物成分是长石、石英，少量的云母以及微量的磷灰石、磁铁矿、钛铁矿和榍石。其中，长石含量为40%～60%，石英含量为20%～40%，暗色矿物以黑云母为主，含有少量的角闪石。

（3）外观特征 花岗石常呈均匀粒状结构，具有深浅不同的斑点或呈纯色，无彩色条纹，这也是从外观上区别花岗石和大理石的主要特征。花岗石的颜色主要取决于长石、云母及暗色矿物的含量，可呈黑色、灰色、黄色、绿色、红色、红黑色、棕色、金色、蓝色和白色等。优质花岗石晶粒细且均匀，构造紧密，石英含量多，云母含量少，不含黄铁矿等杂质，长石光泽明亮，无风化迹象。

1.3.2 花岗石的技术特性

1）石质坚硬致密，表观密度为2700～2800kg/m³；抗压强度高，为100～230MPa；吸水率小，仅为0.1%～0.3%，组织结构排列均匀、规整，孔隙率小。

2）化学性质稳定，不易风化，耐酸、耐腐蚀、耐磨、抗冻、耐久。

3）硬度大，开采困难。质脆，但受损后只是局部脱落，不影响整体的平直性。耐火性能较差，由于花岗石中含有石英类矿物成分，当温度达到573～870℃时，石英发生晶型转变，导致石材爆裂，强度下降。因此，花岗石的石英含量越高，耐火性能越差。

1.3.3 花岗石板材的分类、规格

1. 分类

1）花岗石板材按形状可分为普通型板材和异型板材。普通型板材是指正方形或长方形的板材；异型板材是指其他形状的板材。

2）花岗石板材按表面加工工艺可分为粗面板材、亚光板材和镜面板材。粗面板材是经机械或人工加工，将平整的表面加工出具有不同形式的凹凸纹路的板材，如机刨板、剁斧板、火烧板和锤击板等。亚光板材是经粗磨、细磨加工而成的，表面平整、细腻，但无镜面光泽。镜面板材是经粗磨、细磨、抛光加工而成的，表面平整光亮、色泽花纹明显。

2. 规格

天然花岗石板材的规格很多，大板材及其他板材规格由设计方和施工方与生产厂家商定。常见的用于室内的天然花岗石板材的规格有300mm×300mm×20mm、600mm×600mm×20mm、800mm×800mm×20mm、900mm×900mm×20mm；常见的用于室外的天然花岗石板材的规格有300mm×300mm×30mm、600mm×600mm×30mm、900mm×900mm×30mm。

1.3.4 天然花岗石常见品种

天然花岗石常见品种见表1-3。

表1-3 天然花岗石常见品种

色系	名称	实物图例	石材特点	适用范围
红	贵妃红		是我国稀有的石材品种，红色色泽十分鲜艳，鲜红色和黑色交织。板面加工大部分为光面、火烧面、荔枝面等	用于广场、园林和外墙中
	枫叶红		也称为"岑溪红"，石材为晶体颗粒状，因花纹似枫叶而得名。颜色呈红色，分为浅红、中红、大红，有白色底纹时通常称为枫叶红白花板。通常情况下颜色越红，价值越高	适用于大型外墙干挂、广场地面、异型、拼花、雕刻、楼梯板、踏步过门石等
	四川红		具有色泽鲜红、红里透亮、材质坚硬、密度高等独有特性	可用于室内外装饰和景区景点雕塑
	幻彩红		主要是红底黑色的纹状结构，根据颜色、晶体等的不同又分为深红色、淡红色、精晶、细晶、大花纹、小花纹等品种。幻彩红的结构不太稳定，同一矿山出品的产品在颜色、晶体、花纹等方面各有变化，主要缺陷有黑胆、水晶带、纹路不均匀、裂纹等	主要是由厂家自行加工成板材和风景石；以及各种石材工艺制品
	将军红		具有结构致密、质地坚硬、耐酸碱、耐候性好等特点，可以在室外长期使用	主要用于室内外高档装饰、构件、台面板、洗手盆、碑石
黑	中国黑钻		黑色表面布满颗粒均匀的钻体，其色泽浑厚、肌理清晰	主要用于室内外高档装饰、构件等，具有独特的艺术审美效果
	黑金沙		有细粒、中粒、粗粒之分，又有大金沙和小金沙之分	主要用于制作地板和厨房的台面，也可以用来制作石门，由黑金沙制成的石门非常紧固，而且美观
	济南青		济南青是由辉长岩制成的花岗岩，黑底带微小的白点	非常适合制造大理石构件，同时也是堆叠假山、制作山水盆景的优质石料

（续）

色系	名称	实物图例	石材特点	适用范围
黄	古典金麻		材质相对较软，易加工。花色有大花和小花之分，底色有黑底、红底、黄底	用于室内外高档装饰、构件、台面板
	黄金麻		具有结构致密、质地坚硬、耐酸碱、耐候性好等特点，可以在室外长期使用	一般用于地面、台阶、基座、踏步、檐口、室内外墙面、柱面的装饰等
	石井锈石		表面有很多锈状点花纹，并有少许小锈点，有深黄色和浅白色	用于外墙干挂、室内装修、地面铺装等，次料可用于路边石
绿	绿星		绿星整体呈绿色，有花纹，有较高的抗压强度和良好的物理、化学性能	绿星剁斧板材多用于室外地面、台阶、基座等处；机刨板材一般用于地面、台阶、基座、踏步、檐口等处
	墨绿麻		底色深绿色，并带有白点。不同品种之间白点多少、颗粒大小各不一样	用于室外地面、室外墙面
	森林绿		森林绿是我国稀有的石材品种，石材硬度高，可拼铺成各种几何图案，色泽美观实用	大量用于广场、外墙、装饰工程板、台面板、台阶、园林绿化等
灰	山东白麻		具有表面光洁、耐腐蚀、耐酸碱、硬度大、密度大、铁含量高、无放射性等优点	在装饰施工中应用较广泛
	灰麻		分为深灰、中灰和浅灰三种，即芝麻黑（深灰色灰麻）、乔治亚灰（中灰色灰麻）和芝麻灰（浅灰色灰麻）	常用于磨光板、火烧板、机抛板、荔枝面
	大白花		品质坚硬，色泽鲜明，是比较理想的建筑装饰材料，具有很好的耐磨、耐腐蚀特性，无异味，对人体无辐射危害	一般用于室内外高档装饰、构件、碑石

1.4 天然大理石

大理石原指产于云南大理的白色中带有黑色花纹的石灰岩，古代常选取具有成型花纹的大理石来制作画屏或用于镶嵌画，后来"大理石"逐渐发展成其称呼。大理石是由石灰岩或白云岩在高温、高压的地质作用下重新结晶变质而成的一种变质岩，常呈层状结构，属中硬度石材。大理石制品如图1-1所示。

图1-1 大理石制品

1.4.1 大理石的组成和外观特征

（1）化学成分 大理石的化学成分主要有氧化钙、氧化镁（占总量的50%以上）以及少量的二氧化硅等，化学性质呈碱性。

（2）矿物成分 大理石的矿物成分主要是方解石、白云石以及少量的石英、长石等。由白云岩变质成的大理石，其性能比由石灰岩变质成的大理石更优良。

（3）外观特征 天然大理石分纯色和花纹两大类。纯色大理石为白色，如汉白玉。花纹大理石的图案千变万化，有山水图案、云纹，甚至会有古生物的图案等，装饰效果很好。

1.4.2 大理石的技术特性

（1）表观密度为 $2600 \sim 2700 \mathrm{kg/m^3}$，抗压强度为 $70 \sim 300 \mathrm{MPa}$，吸水率小，不易变形，耐久、耐磨。

（2）硬度较花岗石要低，易加工，磨光性较好。但在地面使用时尽量不要选择大理石，因其硬度较低，磨光面易受损。

（3）抗风化性能差，除了极少数杂质含量少、性能稳定的大理石（如汉白玉、艾叶青等）以外，磨光大理石板材一般不适宜用于室外装饰。由于大理石中所含的白云石和方解石均为碱性石材，空气中的二氧化碳、水汽等对大理石具有腐蚀作用，会使其表面失去光泽，变得粗糙多孔。

1.4.3 大理石板材的分类、规格

大理石板材的分类与花岗岩板材相同，但大理石板材多为镜面板材，大板材及其他特殊板材的规格由设计方和施工方与生产厂家商定。大理石板材的通用厚度为20mm，称为厚板。

大理石板材的常见规格有 $300\mathrm{mm} \times 300\mathrm{mm} \times 20\mathrm{mm}$、$600\mathrm{mm} \times 600\mathrm{mm} \times 20\mathrm{mm}$、$800\mathrm{mm} \times 800\mathrm{mm} \times 20\mathrm{mm}$ 和 $900\mathrm{mm} \times 900\mathrm{mm} \times 20\mathrm{mm}$。厚板的厚度较大，可钻孔、开槽，适用于传统作

业法和干挂法等施工工艺；但施工步骤较复杂。随着石材加工工艺的不断改进，厚度较小的大理石板材也开始应用于装饰工程，常见的有 10mm、8mm、7mm 等，也称为薄板。薄板可以用水泥砂浆专用胶粘剂直接粘贴，石材利用率较高，且便于运输和施工；但尺寸不宜过大，以免加工、安装过程中发生碎裂或脱落，造成安全隐患。

1.4.4 天然大理石常见品种

天然大理石常见品种见表 1-4。

表 1-4 天然大理石常见品种

色系	名称	实物图例	石材特点	适用范围
白	雪花白		品质较软，表面很容易划伤，通体雪白、质感纯净，具有水晶、雪花等构造特点	主要应用于高档场所的内装饰，如酒店大堂的旋梯、内墙饰面
	爵士白		纹理独特，有特殊的山水纹路，有着良好的装饰性能，在纹路走势、纹理的质感上有特殊表现	适合用作雕刻用材和异型用材
	雅士白		属于高档大理石，其色泽白润如玉，颗粒细腻，纹路稀少，美观高雅；但质地较软	多用于现代风格的墙面、吧台等
黄	银线米黄		此料有严格的加工面，同一荒料的不同加工面有不同的花纹（直纹、乱纹）。取乱纹时，光面上必定有严重的绿斑，需挖取后胶补。直纹板遍布规则裂隙，此料光度一般，但容易胶补	主要用于建筑装饰等级要求较高的建筑物，如用于纪念性建筑、宾馆、展览馆、影剧院、商场、图书馆、机场、车站等
	金线米黄		优点是色泽金黄；缺点是石材硬度不是很高，较松散，不宜作为地面，会有黑色杂质	主要用作内装、墙身
	金花米黄		素雅朴质的主色调、金黄色的乱纹点缀，增添了华丽的风味	用于室内装饰，如墙面、地面、门套、窗台、洗手间等
	米黄洞石		因为石材的表面有许多孔洞而得名，其石材的学名是凝灰石或石灰石	用作装饰板材时，一般需要进行封洞处理，即使用接近底色的胶或无色胶填充孔洞，以减少对灰尘的吸纳，同时增加板材的抗裂性能
	松香玉		属于一种特有的大理石石种，其外观呈金黄色，光泽鲜艳夺目，条纹走向清楚明了，花色自然纯真、立体感强	常用作工艺品

（续）

色系	名称	实物图例	石材特点	适用范围
咖啡色	浅啡网		浅啡网底部为浅咖啡色，有少量白花，光度较好，易胶补	为高档饰面材料，主要用于建筑装饰等级要求较高的建筑物
	深啡网		深咖啡色中镶嵌着浅白色的网状花纹，让粗犷的线条有了更细腻的感觉	用于室内装饰，如墙面、地面、门套、窗台、洗手间等
黑	黑金花		黑金花大理石有美丽的颜色、花纹，有较高的抗压强度和良好的物理、化学性能，易于加工	应用范围广泛，适用于多种场合
红	橙皮红		深色，有白花，遍布裂隙线，光泽度较好，易胶补	用于室内高档装饰、构件、洗手盆等
	红皖螺		花色艳丽，图案明显	用于室内高档装饰、构件

1.5 其他天然石材

1.5.1 砂岩

砂岩是一种沉积岩，是由石粒经过水冲蚀沉淀于河床上，经千百年的堆积后变得坚固而成的。后因地壳运动形成今日的矿山，结构比较稳定。砂岩产量丰富，具有隔声、防潮、抗破损、不风化、水中不溶解等特点。砂岩还是一种环保材料，无光污染，无辐射，制成品无毒、无味、不褪色、结实耐用，非常适合用于建筑装饰，如图1-2所示。

图1-2　砂岩制品

砂岩的组成、外观特征和技术特性如下：

（1）化学成分　砂岩的化学成分主要是二氧化硅和三氧化二铝。砂岩的化学成分变化很大，主要取决于碎屑和填充物的成分。

（2）矿物成分　砂岩的矿物成分主要以石英为主，其次是长石、岩屑、白云母、绿泥石、重矿物等。

（3）外观特征　砂岩结构致密、质地细腻，是一种亚光饰面石材，具有天然的漫反射特性和良好的防滑性能，有的产品具有原始的沉积纹理。砂岩常呈白色、灰色、淡红色和黄色等。

（4）技术特性　砂岩的表观密度为 $2200 \sim 2500 kg/m^3$，抗压强度为 $45 \sim 140 MPa$。砂岩吸湿性能良好，不易风化，不长青苔，易清理；但脆性较大，孔隙率和吸水率较大。

1.5.2　板岩

板岩一般用于室内厨房、浴室、地面等的装饰，如图 1-3 所示。板岩是一种变质岩，由黏土岩、粉砂岩、中酸性凝灰岩变质而成，沿板纹理方向可剥离成薄片。

图 1-3　板岩制品

1. 板岩的组成、外观特征和技术特性

（1）化学成分　板岩的化学成分主要是二氧化硅、二氧化铝和三氧化二铁。

（2）矿物成分　板岩的矿物成分主要是矿物颗粒极细的石英、长石、云母和黏土等，含有的绿泥石呈片状，平行定向排列。

（3）外观特征　板岩结构致密，具有变余结构和板理构造，易于劈成薄片获得板材。板岩常呈黑色、蓝黑色、灰色、蓝色及杂色斑点等不同色调。板岩饰面在欧美地区常被用于外墙面，也用于室内局部墙面装饰，通过其特有的色调和质感营造出欧美乡村风情。

（4）技术特性　与大理石、花岗石相比较，板岩质地坚硬、平整度高、表面细腻无孔，吸水率极低；表面处理多样化，比如打磨光面、亚光面、拉丝面、火烧面等。同时，板岩还具有易清洁、劈分性能好、色差小、黑度高、弯曲强度高、杂质含量低、烧失量低、耐酸碱性能好、吸水率低、耐候性好等特点。

2. 板岩的分类

板岩按颜色分类主要有黑板、灰板、绿板、锈板、紫板等；板岩按照实际应用分为用于屋顶的、用于地面和墙面的。

优质的板岩一般加工成屋面瓦板，俗称石板瓦。法国是欧洲应用石板瓦最广泛的国家，石板瓦屋顶已经成为法国建筑的标志，如图1-4所示。

图1-4　石板瓦的应用

板岩用于墙面装饰多用锈板。天然锈板的形成主要是由于板岩中含有一定比例的铁质成分，当这些铁质成分与水和氧气充分接触后，就会发生氧化反应生成锈斑。这些锈斑形成天然的纹理，色彩艳丽、图案多变。

1.5.3　青石板

青石板是沉积岩中分布十分广泛的一种岩石，其组成、外观特征和技术特性如下：

（1）化学成分　青石板的化学成分主要是碳酸钙、二氧化硅、氧化镁等。

（2）矿物成分　青石板的矿物成分主要是方解石。

（3）外现特征　青石板具有块状和条状结构，易裂成片状，可直接应用于建筑施工。青石板表面一般不用打磨，纹理清晰，用于室内可获得天然的粗犷质感；用于地面不但能够起到防滑的作用，还能起到硬中带软的装饰效果。青石板常呈灰色，新鲜面为深灰色。

（4）技术特性　青石板的表观密度为 $1000 \sim 2600 kg/m^3$，抗压强度为 $22 \sim 140 MPa$。青石板材质较软，吸水率较大，易风化，耐久性差。

青石板易于劈制成面积不大且单项长度不太大的薄板，以前常用于园林中的地面、屋面瓦等。因其古朴自然，一些室内装饰中将其用于局部墙面装饰，其返璞归真的效果颇受欢迎。青石板质地密实、硬度中等、易于加工，可用于建筑物墙裙、地坪铺贴以及庭院栏杆（板）、台阶等，具有古建筑的独特风格，如图1-5所示。

常用青石板的色泽为豆青色、深豆青色、青色，以及带灰白结晶颗粒等。青石板根据加工工艺的不同分为粗毛面板、细毛面板和剁斧板等，也可根据设计意图加工成光面（磨光）板。

1.5.4　鹅卵石

鹅卵石又称为海岸石，包括各种色彩、大小的卵石，有一定的天然磨圆度。鹅卵石的岩性常不限，主要以装饰性能为指标，有的进行打磨抛光处理后形成类似雨花石的品种，有助

图 1-5 青石板的应用

于产品价值的提升。鹅卵石色彩多样，不仅可用于外墙面、地面等，也可用于室内的地面、墙面、柱面；既可以铺贴，也可随意撒落起到装饰的效果。鹅卵石板的应用如图 1-6 所示。

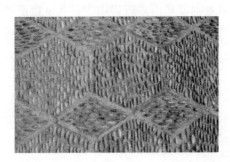
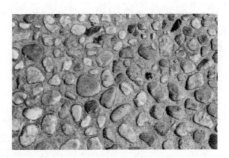

图 1-6 鹅卵石板的应用

1.5.5 石材马赛克

该产品是将天然石材开解切割，打磨成各种规格、形态的马赛克块，然后拼贴而成的。根据其处理工艺的不同，有亚光面和亮光面两种形态；规格有方形、条形、圆角形、圆形、不规则平面、粗糙面等。石材马赛克的应用如图 1-7 所示。

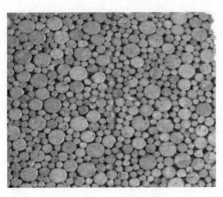

图 1-7 石材马赛克的应用

1.6 人造石材

人造石材是以胶凝材料为胶粘剂，以天然砂、石、石粉或工业废渣等为填充料，经成型、固化、表面处理与合成等工艺制成的一种人造材料，能够模仿天然石材的花纹和质感。人造石材的色彩和花纹均可根据设计意图制作，如仿花岗石、仿大理石或仿玉石等。人造石材还可以被加工成各种曲面、弧形等天然石材难以加工成形的形状。人造石材表面光泽度较高，某些产品的光泽度甚至超过天然石材。人造石材质量小，厚度一般小于10mm，最薄的可达8mm。人造石材通常不需要专用锯切设备就可一次成型为板材。

1.6.1 水泥型人造石材

水泥型人造石材是以水泥（白色、彩色均可，可用硅酸盐水泥、铝酸盐水泥）为胶粘剂，砂为细集料，碎大理石、花岗石、工业废渣等为粗集料（必要时可加入适量的耐碱颜料），经配料、加水搅拌、成型、加压蒸养、磨光、抛光等工序制成的。水磨石和各类花阶砖就属于水泥型人造石材，如图1-8所示。如果使用硅酸盐水泥制造，成品表面光亮并呈半透明状，如果使用其他品种水泥则不能形成具有光泽的表面。

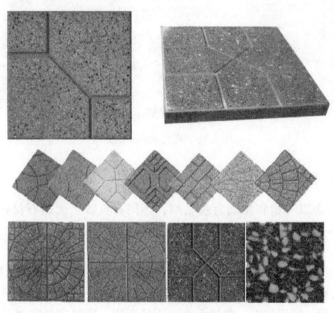

图1-8 花阶砖制品

现浇水磨石地面是在水泥砂浆或混凝土垫层上，按设计要求分格并抹水泥石子浆，凝固后用金刚石或打磨设备打磨，要磨光露出石渣，再经补浆、细磨、打蜡制成。现浇水磨石地面可分为普通水磨石面层和彩色美术水磨石面层两类。现浇水磨石地面的优点是美观大方、平整光滑、坚固耐久、易于保洁、整体性好；缺点是工艺流程多、施工周期长、施工噪声大、现场湿作业易产生污染等。现浇水磨石地面如图1-9所示。

随着技术的发展，水磨石在技术水平和材料品质方面均取得巨大突破，水磨石现已

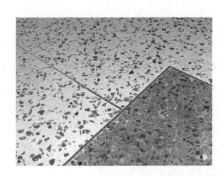

图 1-9　现浇水磨石地面

工厂化生产，材质上更为细腻，工艺更加先进，可预制各种规格的水磨石制品，或现浇大面积整体无缝水磨石地面，尺寸可大可小，色彩丰富多变。现代水磨石制品如图 1-10 所示。

图 1-10　现代水磨石制品

1.6.2　聚酯型人造石材

这种人造石材多以不饱和聚酯为胶粘剂，连同石英砂、天然石材碎石、方解石粉等无机填料和颜料一起，经配制、混合搅拌、浇筑成型、固化、脱模、烘干、抛光等工序制成。

例如，目前的人造大理石以聚酯型为主，所用聚酯树脂的黏度较低，易成型，常温下固化。聚酯型人造大理石具有光泽性好、颜色鲜亮、质量较小（比天然大理石轻 25% 左右）、强度较高、厚度较薄、易于加工、拼接无缝、不易断裂、能制成异型制品等优点，如浴缸、洗脸盆、坐便器等。

透光石也属于聚酯型人造石材，具有质量小、硬度高、耐油、耐脏、耐腐蚀、板材厚度均匀、光泽度好、透光效果明显、不变形、防火、抗老化、无辐射、抗渗透、可随意弯曲、无缝粘接等优点，适用于制作各种建筑物的透光幕墙、透光吊顶、透光家具、高级透光灯饰等，如图 1-11 所示。

聚酯型人造石材产品除了人造大理石、透光石外，还有人造花岗石、人造玉石、人造玛瑙等，多用于卫生洁具、工艺品及浮雕线条等的制作。聚酯型人造石材卫生洁具包括浴缸、坐便器、水斗、脸盆、淋浴房等。聚酯型人造石材还可以用于室内墙面、地面、柱面、台面的镶嵌等。

图 1-11 聚酯型人造石材及应用

1.6.3 微晶玻璃人造石材

微晶玻璃人造石材又叫微晶石，是一种新型装饰建筑材料，其中的复合微晶石称为微晶玻璃复合板材，是将一层 3 ~ 5mm 的微晶玻璃复合在陶瓷玻化石的表面，经二次烧结后制成。微晶石的厚度一般为 13 ~ 18mm，板面晶莹亮丽，微晶石既有特殊的微晶结构，又有特殊的玻璃基质结构，对于射入光线能产生扩散的漫反射效果。微晶石制品如图 1-12 所示。

图 1-12 微晶石制品

该产品有以下特点：

（1）质感 在外观质感方面，其抛光板的表面粗糙度远高于其他石材，其特殊的微晶结构使得光线无论从任何角度射入，经过精细微晶粒的漫反射后都能将光线均匀分布到任何角度，使板材具有柔和的玉质感。

（2）性能 微晶石是在与花岗石形成条件相似的高温状态下，通过特殊的工艺烧结制成的，具有质地均匀、密度大、硬度高等特点，其抗压、抗弯、耐冲击等性能要优于天然石材，不仅经久耐磨、不易受损，更没有天然石材常见的细碎裂纹。

（3）色彩 微晶石可以根据使用需要生产出丰富多彩的色调系列（尤以水晶白、米黄、浅灰、白麻四个色系应用居多），能弥补天然石材色差较大的缺陷，产品广泛用于宾馆、写字楼、车站、机场等的内外装饰；也可用于家庭的高级装修，如墙面、地面、饰板、家具、台盆面板等。微晶石的应用如图 1-13 所示。

图 1-13　微晶石的应用

1.6.4　其他人造石材

1. 石材瓷砖复合板

石材瓷砖复合板是以常用石材和陶瓷为原料制成的一种建筑材料，这种板材是一种复合型材料，一般比较薄，常用的品种只有 12mm 厚度。例如大理石与瓷砖复合后形成大理石瓷砖复合板，其抗弯、抗折、抗剪等性能得到明显提高，显著降低了运输、安装、使用过程中的破损率。因石材瓷砖复合板是用 $1m^2$ 的石材原板（通体板）切成 3 片或 4 片后变成了 $3m^2$ 或 $4m^2$，而其花纹、颜色几乎与原板材相同，因而更易于保证大面积使用。因具备以上特点，显著提高了石材瓷砖复合板的施工效率与施工安全，并降低了安装成本。石材瓷砖复合板制品如图 1-14 所示。

2. 石材铝蜂窝板

石材铝蜂窝板一般采用 3~5mm 厚的石材面板和 10~25mm 厚的铝蜂窝板，经过专用胶粘剂粘接复合而成。它是一种新型建筑材料，具有比普通天然石材更好的抗冲击性能，每平方米质量仅为 8~11kg，克服了天然石材质量大、易碎等缺陷。石材铝蜂窝板制品如图 1-15 所示。

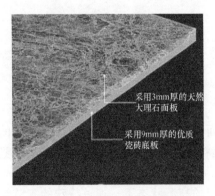

采用3mm厚的天然
大理石面板

采用9mm厚的优质
瓷砖底板

图 1-14　石材瓷砖复合板制品

图 1-15　石材铝蜂窝板制品

3. 可弯曲薄石板

可弯曲薄石板的厚度不超过 2mm，每平方米质量不超过 2kg，标准尺寸为 610mm × 1220mm，最大尺寸可达 1220mm × 2440mm。可弯曲薄石板的天然石纹理超过 20 种，有普通、透光、织布三大系列。可弯曲薄石板具有不易碎、超轻、超薄、防火、耐磨、有弹性、可弯曲、无辐射、适用面广、安装运输成本低等特点，广泛应用于建筑外墙、背景墙、吊顶、房门、柜门的装饰中。其最大特点是可弯曲，对于柱面、弧面的包裹变得易行，安装时无需再制作支撑结构，显著降低了施工费用。

1.7　装饰石材施工工艺

1.7.1　施工准备

1. 材料要求

（1）石材　根据设计要求确定石材的品种、颜色、花纹和尺寸，仔细检查石材的抗折、抗拉、抗压、吸水率、耐冻融循环等性能。

（2）石材防护剂　这是一种密封防护剂，以防石材出现盐析、水渍现象。

（3）防锈漆　防锈漆主要涂刷在金属或金属焊接部位，起到防锈作用。

（4）其他　膨胀螺栓、连接件、垫板、垫圈、螺母等的质量必须符合设计要求。

2. 主要机具

装饰石材施工的主要机具如图 1-16 所示。

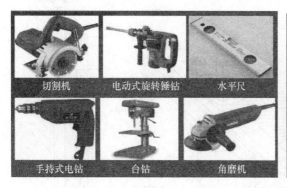
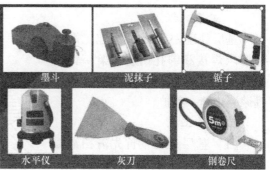

图 1-16　装饰石材施工的主要机具

装饰石材的施工工艺有很多种，直接粘贴法用于薄形的小规格块材，挂贴法用于室内外墙面的大型石材镶贴。挂贴法分为湿贴法与干挂法两种，湿贴法又分为传统湿贴法和改进湿贴法，多用在多层或高层建筑的首层施工中，适用于砖基层和混凝土基层。干挂法多用于30m 以下的钢筋混凝土结构，注意砖墙和加气混凝土墙体在建造时需作加固处理，否则不得选用干挂法施工。

1.7.2　墙面石材直接粘贴法施工工艺

该施工方法适用于薄型的小规格块材，一般厚度 10mm 以下、边长小于 400mm 的墙面石材可采用直接粘贴法。

1. 工艺流程

基层处理→吊垂直、套方、找规矩→贴灰饼→抹底层砂浆→弹线分格→石材表面处理→排块材→镶贴块材→表面勾缝与嵌缝。

2. 操作工艺

（1）进行基层处理和吊垂直、套方、找规矩　注意同一墙面不得有一排以上的非整材，并应将非整材镶贴在较隐蔽的部位。

（2）抹底层砂浆　在基层湿润的情况下，先刷界面剂胶素水泥浆一道，随刷随打底。底灰采用1:3水泥砂浆，厚度约12mm，分两遍操作，第一遍约5mm，第二遍约7mm。待底灰压实刮平后，将底灰表面划毛。

（3）石材表面处理　石材表面充分干燥后（含水率应小于8%），用石材防护剂进行石材的六面体防护处理，此工序必须在无污染的环境下进行。操作时将石材平放，用羊毛刷蘸上防护剂均匀涂刷于石材表面，涂刷必须到位。第一遍涂刷完间隔24h后，用同样的方法涂刷第二遍石材防护剂。如采用水泥或胶粘剂固定，间隔48h后对石材的粘结面用专用胶泥进行拉毛处理，拉毛胶泥凝固硬化后方可使用。

（4）镶贴块材　待底灰凝固后便可进行分块弹线，弹线完成后将已湿润的块材抹上厚度为2~3mm的素水泥浆（内掺水泥质量20%的界面剂）进行镶贴，用木锤轻敲，用靠尺找平找直。

1.7.3　墙面石材传统湿贴法施工工艺

墙面石材传统湿贴法如图1-17所示。

1. 工艺流程

基层处理→弹线→按施工图尺寸要求焊接和绑扎钢筋骨架→饰面板背面钻孔挂丝→安装固定→分层灌浆→嵌缝→养护。

2. 操作工艺

（1）基层处理　首先清扫混凝土墙面的灰尘、油污；平整墙面后，对其表面进行凿毛处理，然后浇水冲洗。在安装前，基层上先刮一道（掺水泥质量为5%的建筑胶）素水泥浆，形成一道防水层，防止雨水渗入板内。石材板背面应清除浮尘，

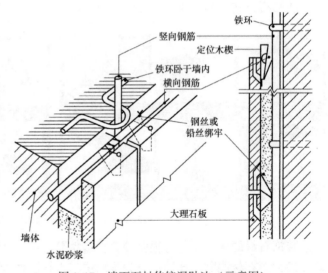

图1-17　墙面石材传统湿贴法（示意图）

并用清水洗净，以提高其粘接性能。石材在施工前3d应刷氧化硅密封防护剂，以防石材出现盐析、水渍现象，并对石材进行六面体防护。

（2）弹线

1）先将石材饰面的墙面、柱面用大线垂（层高较高时用经纬仪）从上至下找垂直弹线。须考虑石材厚度、灌注砂浆的空隙和钢筋网所占的尺寸，大理石、花岗石板材的外皮距结构面一般为50~70mm。

2）找好垂直后，先在地面、顶面上弹出石材安装外廓尺寸线，再按石材板块的规格在基准线上弹出石材就位线。弹线时注意按设计要求留出缝隙。

（3）按施工图尺寸要求焊接和绑扎钢筋骨架　清理墙面后，在墙上打膨胀螺栓，将钢筋与膨胀螺栓焊接在一起。然后焊接或绑扎直径6~8mm的竖向钢筋，再焊接或绑扎直径为

6mm 的横向钢筋。如果板材高度为 600mm，第一道横向钢筋在地面以上 100mm 处与竖向钢筋绑扎牢固；第二道横向钢筋绑扎在饰面石材上口下方 20～30mm 处，再往上每 600mm 扎一道横向钢筋即可。

（4）饰面板背面钻孔挂丝　将已编好号的饰面板放在操作支架上，用台钻在每块板的上下两个面各打两个孔，孔的位置在板的两端约为板宽的 1/4 处，孔径为 5mm，深度为 30～50mm。孔位以距板材背面 8mm 为宜，若饰面板较大可以增加孔数。

钻孔后用云石机在石材背面的孔壁处别一道深 5mm 左右的槽，形成"象鼻眼"。当饰面板规格较大，施工中板材下端不好绑铜丝时，可在未镶贴饰面板的一侧用云石机在板高的 1/4 处的上、下各开一槽，槽长 30～40mm，槽深 12mm，并与饰面板背面打通。将石材侧面方向的竖槽居中或稍偏外，不得损坏饰面，不得造成石材表面返碱。将铜丝卧入槽内，与钢筋网固定，然后穿铜丝。把备好的铜丝剪成长 200mm 左右的分段，铜丝一端从板后的槽孔穿入孔内，铜丝打回头后用胶粘剂固定牢固；铜丝另一端从板后的槽孔穿出，呈弯曲状卧入槽内。铜丝穿好后，石材的上下侧边不得有铜丝突出，以便和相邻石板接缝严密。

（5）安装固定　将埋好铜丝的石板就位，将石板上口略向外仰，把石板下口铜丝扎在横向钢筋上；然后将板材扶正，将上口铜丝扎紧，用木楔垫稳，石板与基层之间的间隙一般为 30～50mm（灌浆厚度）。随后用钢卷尺与水平尺检查表面平整度与上口水平度。

柱子一般从正面开始，按顺时针方向逐层安装。第一层安装固定完后应用靠尺调整垂直度，用水平尺调整平整度和阴（阳）角方正。如发现石板规格不准确或石板之间的间隙不符合要求，应在石板上口用木楔调整，下沿加垫薄钢板或钢丝进行找平，完成第一块板后，其他依此进行。经垂直、平整、方正校正后，开始调制熟石膏。调制时应掺入 20% 水泥，加水调制成粥状，贴于石板上下之间，将两层石板结成一体；再用靠尺检查水平度，等石材硬化后方可灌浆。

（6）灌浆　空鼓是石材墙面需要预防的关键问题。施工时应充分湿润基层，将 1:2.5 的水泥砂浆加水调成粥状，开始灌浆。灌浆时注意不要碰触石材面板，边灌浆边用橡胶锤轻轻敲击石材面板，使灌入砂浆排气。第一次灌入高度为 150mm 左右，注意不能超过石材面板高度的 1/3。灌完后静置 1～2h，砂浆初凝后检查是否有移动，再进行第二次灌浆，灌浆高度一般为 200～300mm。二次灌浆初凝后进行第三次灌浆，至板上口 50～100mm 为止。值得注意的是，必须防止临时固定石板的石膏块掉入砂浆内，因为石膏会导致外墙面泛白、泛浆。柱面灌浆前应用木方钉成槽形木卡子，双面卡住石板，以防灌浆时石板外移。

（7）嵌缝　全部石板安装完毕后，清除所有石膏和余浆痕迹，石板面擦洗干净并按设计要求调制色浆，开始嵌缝。嵌缝时要缝隙密实、宽窄均匀、干净整齐、颜色一致。

（8）养护　板材安装完毕后，应进行擦拭或用高速旋转的帆布擦磨，然后抛光上蜡。

3. 质量要求

1）石材面板的品种、规格、颜色和性能应符合设计要求及国家现行标准的有关规定。

2）石材面板孔、槽的数量、位置和尺寸应符合设计要求。

3）石材面板安装工程的预埋件（或后置埋件）、连接件的材质、数量、规格、位置、连接方法和防腐处理应符合设计要求。后置埋件的现场拉拔力应符合设计要求。石材面板安装应牢固。

4）采用满粘法施工的石材面板工程，石材面板与基层之间的粘结料应饱满、无空鼓。石材面板粘结应牢固。

5）石材面板表面应平整、洁净、色泽一致，应无裂痕和缺损，石材面板表面应无泛碱等污染。

6）石材面板填缝应密实、平直，宽度和深度应符合设计要求，填缝材料的色泽应一致。

7）采用传统湿贴法施工的石材面板安装工程，石材面板应进行防碱封闭处理。石材面板与基体之间的灌注材料应饱满、密实。

8）石材面板上的孔洞应套割匹配，边缘应整齐。

1.7.4　墙面石材干挂法施工工艺

石材干挂法又名空挂法，是石材饰面装修的一种施工工艺。该方法以金属挂件将饰面石材直接吊挂于墙面或空挂于钢架之上，不需再灌浆粘贴。其原理是在主体结构上设主要受力点，通过金属挂件将石材固定在建筑物上，形成石材装饰幕墙。墙面石材干挂法如图 1-18和图 1-19 所示。

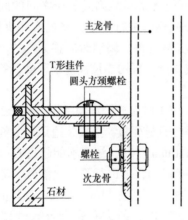

图 1-18　墙面石材干挂法

1. 工艺流程

测量放线→外墙基层处理→龙骨安装与连接件焊接→石板钻孔及安装挂件→安装石板→清理、嵌缝与打蜡、抛光。

2. 操作工艺

（1）测量放线　以 500mm 线定柱子或墙体的水平线，根据二次设计图样弹出型钢龙骨的位置线；每个大角下吊垂线，给出大角垂直控制线。放线完成后进行自检复线，复线无误再进行正式检查，合格后方可进行下步工序。

（2）外墙基层处理　将外墙表面的灰尘、污垢、油渍等清理干净，然后洒水湿润，再

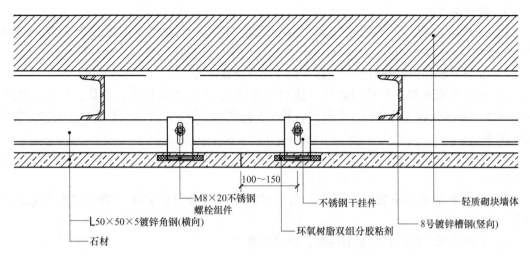

图 1-19 石材干挂施工图

满涂一层防水涂料。

（3）龙骨安装与连接件焊接 根据施工图具体要求在墙体上按不锈钢膨胀螺栓的位置钻孔打洞，将不锈钢膨胀螺栓涂满环氧树脂胶粘剂后装入孔内，拧紧胀牢。

主龙骨采用槽钢，次龙骨采用角钢，在安装前进行钢材的除锈处理，并刷防锈漆。主、次龙骨采用焊接连接。先按确定的中心线将主龙骨就位，然后定位焊固定，主龙骨与预埋件要双边满焊。主龙骨安装完毕后按墙面分块线安装次龙骨。主、次龙骨要满焊，焊接完成后把焊缝处清理干净，并补防锈漆。

连接件采用角钢与结构预埋件三面围焊，焊接完成后，经检验合格再刷防锈漆。次龙骨与挂件的连接采用不锈钢螺栓，次龙骨应根据螺栓位置开长孔，并与舌板相互配合调整位置。龙骨的安装位置必须符合挂板的安装要求。

（4）石板钻孔及安装挂件 直孔用台钻打眼，钻孔时使钻头直对板材的表面，在每块石材的上下端面距离板端 1/4 处，居板厚中心打孔，孔的直径为 5mm、深 18mm。板宽 ≤600mm 时，上下端面各打 2 个孔；板宽 ≥900mm 时，可共打 8 个孔。

将角钢挂件临时安装在 M10×110mm 的膨胀螺栓上安装挂件时（螺母不要拧紧），再将平板挂件用 8mm 螺栓临时固定在不锈钢角钢挂件上（螺母不要拧紧）。如果是 T 形不锈钢挂件，其位置可通过挂件螺栓孔的自由度进行调整。板面垂直无误后，再拧紧膨胀螺栓，膨胀螺栓拧紧程度以不锈钢弹簧垫完全压平为准，隐检合格后方可进行下道工序。

（5）安装石板 根据已选定的饰面石板编号将石板临时就位，并将销钉锚入石板的钻孔内。利用角钢挂件对石板的位置（高低、上下、前后、左右）、垂直度、平整度等进行调整，要求板缝间隙为 8mm。调整完成后将不锈钢角钢挂件、平板挂件上的螺母拧紧，在钻孔部位填抹环氧树脂。

（6）清理、嵌缝与打蜡、抛光 安装完毕后，将接缝中的污垢、粉尘清理干净，完成后在板缝中填塞耐候密封胶进行嵌缝封口。全部施工完成后，彻底清除板材表面的污垢、浮尘，然后打蜡并抛光。

3. 质量要求

1) 石材面板的品种、规格、颜色和性能应符合设计要求及国家现行标准的有关规定。

2) 石材面板孔、槽的数量、位置和尺寸应符合设计要求。

3) 石材面板安装工程的预埋件（或后置埋件）、连接件的材质、数量、规格、位置、连接方法和防腐处理应符合设计要求。后置埋件的现场拉拔力应符合设计要求。石材面板安装应牢固。

4) 石材面板表面应平整、洁净、色泽一致，应无裂痕和缺损，石材面板表面应无泛碱等污染。

5) 石材面板填缝应密实、平直，宽度和深度应符合设计要求，填缝材料的色泽应一致。

6) 石材面板上的孔洞应套割匹配，边缘应整齐。

1.7.5 室内石材地面干铺法施工工艺

1. 工艺流程

基层处理→弹线→安装标志块→试拼、预排→铺水泥砂浆结合层→铺板块→灌浆→贴踢脚板→清理、打蜡。

2. 操作工艺

(1) 基层处理 检查基层的平整度，符合要求后将基层表面清扫干净，并洒水湿润。

(2) 弹线 对地面找好标高，在四周立面上弹出板块的标高控制线。在准备铺贴的地面上弹出十字中心线后，根据铺贴地面尺寸、板块尺寸计算纵、横方向板块的排列块数，最后确定板块的排列方式。对于与走道地面相通的门口处，要与走道地面拉通线，以十字中心线为中心对称分块布置。若室内地面与走道地面的颜色不同，分界线应放在门口门扇的中间处，但收边不应在门口处，以免出现非整砖。对于浴室、厕所等有排水要求的地方，应弹出泛水标高线。

(3) 安装标志块 根据弹出的十字中心线及设计要求在相应地面的位置上贴好分块标志块。

(4) 试拼、预排 根据设计图案要求、弹线与标志块确定铺砌的位置和顺序。在确定的位置上用板块按设计要求的图案、颜色及纹理进行试拼。试拼后按要求对板块进行预排、编号，并浸水湿润，阴干至表面无明水，随后按编号堆放备用。

(5) 铺水泥砂浆结合层 先刷素水泥浆一遍，再铺1:3干硬性水泥砂浆，厚度约为30mm，并用刮杠刮平，用铁抹子拍平压实，然后进行试铺。铺好后用橡胶锤轻击，听其声音判断铺贴是否密实，若有空隙应及时补浆。试铺完一定时间后将板揭起，在找平层上再刷素水泥浆一遍，同时应在板块背面洒水一遍，然后将板块复位铺砌。

(6) 铺板块 铺贴时，板块要四角同时下落，对齐缝格铺平（石板间缝宽不大于1mm），并用橡胶锤敲击平实，并用水平靠尺检查，如发现空隙、板凹凸不平或接缝不直，应将板块掀起加浆、减浆或修缝。铺完第一块后由中间向两侧和后退方向顺序铺砌。铺好一排，拉通线检查一次平直度。

（7）灌浆　铺装完 2~3d 后进行灌浆作业。依据石材颜色调配与之相同颜色的矿物颜料，与水泥搅拌均匀成 1:1 稀水泥浆，小心灌入板缝，同时将板面水泥浆清净，覆以面层保护。

（8）贴踢脚板　根据墙面标高线测出踢脚板上口标高，先用 1:3 水泥砂浆打底，然后采用 2~3mm 厚的聚合物砂浆进行粘贴。24h 后采用同色水泥浆擦缝。

（9）清理、打蜡　各个工序完工不再上人后，将地面清扫干净方可打蜡。

3. 质量要求

1）石材面层表面应洁净、平整、无磨痕，且图案清晰、色泽一致、接缝平整、周边顺直，板块无裂纹、缺棱、掉角等缺陷。

2）面层与下一层应结合牢固，无空鼓。

3）面层表面的坡度应符合设计要求，不倒（泛）水，无积水；与地漏、管道的结合处应严密牢固、无渗漏。

4）踢脚板表面应洁净、高度一致、结合牢固，踢脚板的出墙厚度应一致。

5）楼梯踏步和台阶板块的缝隙宽度应一致、齿角整齐；楼层梯段相邻踏步的高度差不应大于 10mm；防滑条应顺直牢固。

室内石材地面干铺构造如图 1-20 所示。

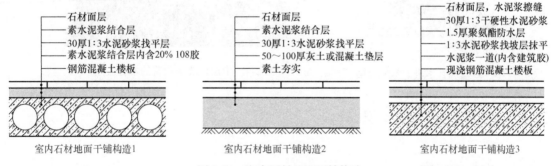

图 1-20　室内石材地面干铺构造

随堂测试

多选题

1. 天然花岗石包含（　　　　）等矿物质组成的天然岩石。

A. 白云岩　　　　B. 长石　　　　　C. 石英　　　　D. 云母

2. 墙面石材传统湿贴法的构造由（　　）组成。

A. 灌浆层　　　　B. 钢筋网层　　　　C. 石材面层　　　　D. 塑料板层

3. 下列属于墙面石材干挂法施工要点的有（　　　）。

A. 测量放线　　　B. 焊接龙骨　　　　C. 板材就位　　　　D. 勾缝验收

4. 下列属于墙面石材直接粘贴法施工要点的有（　　　）。

A. 编号　　　　　B. 粘贴　　　　　C. 清理勾缝　　　　D. 抛光打蜡

5. 人造石材的种类有（　　）。

A. 水泥型人造石材　　　　　　　　B. 聚酯型人造石材

C. 微晶玻璃人造石材　　　　　　　D. 其他人造石材

第二章 木材装饰材料

木材用于建筑和装饰工程已有悠久的历史，如图2-1和图2-2所示。木材材质较轻、强度较高，有较佳的弹性和韧度，耐冲击和振动，易于加工和涂饰，对电、热和声音有高度的隔绝能力，特别是木材美丽的自然纹理和柔和的视觉及触觉感观，是室内外环境装饰、家具、工艺品等难得的用材。

木材基础知识

木地板施工

图2-1 应县木塔的木材应用

图2-2 中国传统木建筑的木材应用

2.1 木材的基础知识

2.1.1 木材的种类

木材按照树木种类可分为针叶树和阔叶树两大类。

（1）针叶树 多为常绿树，树叶细长如针，树干通直高大，纹理平顺，木质均匀且较软，易于加工，故又称"软木材"。针叶树的表观密度和胀缩变形较小，耐腐蚀，适用于装饰工程中隐蔽部分的承重构造，常用的针叶树有红松（图2-3）、云杉、冷杉、柏木（图2-4）等。

图2-3 红松

图2-4 柏木

（2）阔叶树　大多为落叶树，树叶宽大，树干通直部分一般较短，材质强度较大，纹理自然美观，质地较坚硬，难以加工，故又称"硬木材"。阔叶树在建筑上常用于尺寸较小构件和家具等的制造。常用的阔叶树有樟树（图 2-5）、水曲柳、樱桃木、榆木（图 2-6）、桦木等。

图 2-5　樟树

图 2-6　榆木

2.1.2　木材的构造

1. 木材的宏观构造

木材的宏观构造是指用肉眼或放大镜所能看到的木材组织。从木材的三个切面（横切面是垂直于树轴的面；弦切面是平行于树轴的面；径切面是通过树轴的面）来看，木材由树皮、木质部和髓心等组成，如图 2-7 所示。木材的树皮及髓心的利用率不高，在工程上主要用木材的木质部。从木材的横切面来看，木质部表面上有深浅不同的同心圆环，即年轮。在同一年轮内，春天生长的木质称为春材，春材的色泽较浅，材质较软；夏秋季节生长的木质称为夏材，夏材的色泽较深，材质较密。树种相同时，年轮稠密均匀的材质较好；夏材部分多，木材的强度就高。

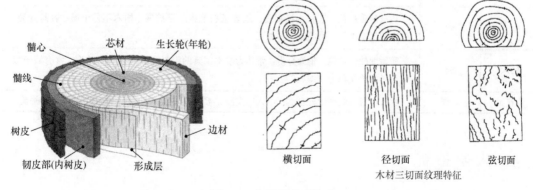

图 2-7　木材的宏观构造

从髓心呈放射状向外辐射的线条称为髓线。髓线与周围的联结较弱，木材干燥时易沿此线开裂。木材的纹理除了与其自身的宏观构造有关外，还与加工时的剖切方式有关。

2. 木材的微观构造

木材的微观构造显示木材是由无数管状细胞结合而成的，每个管状细胞都有细胞壁和细胞腔两个部分。细胞壁由若干层细纤维组成，纤维之间有微小的空隙能渗透和吸附水分。细胞本身的组织构造在很大程度上决定了木材的性质：夏材组织均匀、细胞壁较厚、细胞腔较小，故材质坚实、表观密度大、强度高，但湿胀干缩较大；春材细胞壁较薄、细胞腔较大，故材质松软、强度低，但湿胀干缩较小。

木材细胞因功能不同可分为管胞、导管、木纤维、髓线等多种。针叶树的微观结构简单且规则，主要是由管胞和髓线组成，其髓线较细小，不很明显；阔叶树的微观结构较复杂，主要由导管、木纤维及髓线等组成，其髓线很发达，粗大且明显。导管是细胞壁薄而细胞腔大的细胞，大的导管肉眼可见。

2.1.3 常见树种材料性能

常见树种材料性能见表 2-1。

表 2-1　常见树种材料性能

树种	硬度	性能
红松	软	材质轻软，纹理直，结构中等；干燥性能良好；易加工，切削面光滑；涂装和胶粘性能较好
白松	软	材质轻软，纹理直，结构细且均匀，富有弹性；加工性能优良，切削面光滑；易干燥，涂装和胶粘性能较好，着色好
杉木	软	杉木呈浅黄褐色，纹理直；相对容易干燥，强度不错，但不耐潮湿或虫蛀；韧度好、耐久性好，容易加工
银杏	软	纹理直，结构细，容易加工
水曲柳	较硬	材质光滑，纹理直，结构中等；易加工，不易干燥；涂装和胶粘性能较好；韧度大
柞木	硬	珍贵用材树种，材质硬、纹理斜、结构粗、光泽美
榉木	硬	芯材为红色，纹理层叠；榉木木质比一般木材坚硬
榆木	硬	边材呈黄褐色，芯材为淡褐色，纹理呈羽毛状层层扩展；榆木不易干燥，容易开裂；榆木的强度中等，耐腐蚀，易加工
杨木	软	质地细软，性稳，价廉易得；常作为榆木家具的附料和大漆家具的胎骨；常有缎子般的光泽，故又称为"缎杨"
黄花梨	较硬	木质本身的纹理十分自然，给人以文静、柔和的感觉；颜色由浅黄到紫赤，色彩鲜美

2.2　木制地板

在地面材料中，由于木质地板具有自然高雅、多变化、能与多种室内风格相协调的优点而深受人们喜爱，是热销的地面装饰材料之一。

2.2.1　实木地板

实木地板是由天然树木的原木芯材及部分边材，不做任何粘接处理，通过烘干、刨切、刨光等过程加工成型，再经过干燥、防腐、防蛀、阻燃涂装工艺处理后制成的。其有自然美观、自重较轻、耐久性好、容易加工、冬暖夏凉、缓和冲击、隔声、脚感好等优点。实木地板系列产品如图 2-8 所示。

图 2-8　实木地板系列产品

1. **实木地板的分类**

1）根据接缝不同，实木地板可分为平口地板、错口地板和企口地板。

2）按表面有无涂饰，实木地板分为涂饰实木地板、未涂饰实木地板。涂饰实木地板是指地板的表面已经涂刷了地板漆，可以直接安装后使用；未涂饰实木地板是指素板，即木地板表面没有进行涂装处理，在铺装后必须涂刷地板漆后才能使用。

3）根据加工工艺方法的不同，实木地板可分为以下种类：

① 条形企口实木地板。该地板也称为榫接地板，是室内装饰中十分普通的木质地板，通常采用直径较大的优良树种，如松木、杉木、水曲柳、樱桃木、柞木、柚木及桦木等。该地板的宽度一般不大于 120mm，厚度不大于 25mm。该地板的规格有：长 450mm、600mm、800mm、900mm，宽 60mm、80mm、100mm，厚 18mm、20mm。该地板在纵向和宽度方向都开有榫槽，绝大多数的条形企口实木地板在背面开有抗变形槽。

② 指接地板。该地板由等宽不等长的板条通过榫槽结合、胶粘的形式接成，接成以后的结构与企口地板相同。

③ 集成材地板（拼接地板）。该地板由等宽的小板条拼接起来，再由多片指接材横向拼接成成品，这种地板幅面较大、尺寸稳定性较好。

④ 拼花木地板。拼花木地板是采用阔叶树种的硬木材，经干燥处理并加工成一定几何尺寸的小木条，再拼成一定图案制成。早期的拼花木地板颜色丰富、图案精美、制作工艺复杂；现在普遍使用的拼花木地板是通过小木条不同方向的组合拼出多种图案花纹，常见的有正芦席纹、斜芦席纹、人字纹和清水砖墙纹等。拼接时，应根据个人的喜好和室内面积的大小决定地面的图案和花纹，以达到最佳的装饰效果。

⑤ 仿古实木地板。该地板表面的花纹都是由人工雕刻而成的，有独特的古典风格的艺术气质，这是其他木地板无法比拟的。

2. 实木地板的特点

（1）实木地板的优点

1）隔声隔热。实木地板材质较硬、木纤维结构致密、热导率较低，阻隔声音和保温等效果要优于水泥、瓷砖和钢铁。

2）调节湿度。气候干燥时，木材内部水分会释出；气候潮湿时，木材会吸收空气中的水分。实木地板通过吸收和释放水分来调节室内湿度。

3）冬暖夏凉。冬季，实木地板的板面温度要比瓷砖的板面温度高 8 ~ 10℃，人在木地板上行走无寒冷感；夏季，实木地板的居室温度要比瓷砖铺设的房间温度低 2 ~ 3℃。

4）绿色无害。实木地板用材取自森林，无挥发性的油漆涂装。

5）华丽高贵。实木地板取自高档硬木材料，板面木纹秀丽，装饰典雅高贵，可用于中高端室内地面装修。

6）经久耐用。实木地板绝大多数品种的材质较硬密，耐腐蚀，正常使用寿命可长达几十年乃至上百年。

（2）实木地板的缺点

1）难保养。实木地板对铺装的要求较高，一旦铺装不好，会造成一系列问题，诸如有声响等。铺装好之后还要经常打蜡上油，否则地板表面的光泽易消失。

2）稳定性差。若室内环境过于潮湿或干燥，实木地板容易起拱、翘曲或变形。

3）性价比偏低。实木地板的市场竞争力不如其他几类木地板，特别是在稳定性与耐磨性上与复合木地板的差距较大。

2.2.2 复合木地板

复合木地板主要是指实木复合地板和强化复合木地板两大类，由于复合木地板既具有实木地板的天然质感，又有良好的硬度与耐磨性，且在装饰过程中无须涂装、打蜡，污染后可用抹布擦拭，还有较好的阻燃性能，因此很受广大用户的青睐。

1. 实木复合地板

实木复合地板是由不同树种的板材交错层压制成的，克服了实木地板单向同性的缺点，干缩湿胀较小，具有较好的尺寸稳定性。实木复合地板既保留了实木地板木纹优美、自然的特性，又显著节约了优质珍贵木材资源。实木复合地板表面大多涂有多层的优质紫外线固化涂料，不仅有较理想的硬度、耐磨性、抗刮性，且阻燃、光滑、便于清洁。其芯层大多采用再生迅速的速生树种，也可用廉价的小径树种，而且不用剔除木材的各种缺陷，出材率很高，成本优势明显，其弹性、保温性能等也不亚于实木地板。

（1）实木复合地板的分类

1）三层实木复合地板。三层实木复合地板是由面层、芯层、底层三层实木板相互垂直层压，通过合成树脂胶热压制成的。面层为耐磨层，厚度为 4～7mm，一般选择质地坚硬、纹理美观的树种，如柚木、榉木、橡木、樱桃木、水曲柳等；芯层厚度为 7～12mm，可采用软质速生木，如松木、杉木、杨木等；底层（防潮层）厚度为 2～4mm，可采用速生杨木或中硬杂木。由于三层实木复合地板的各层纹理相互垂直胶结，降低了木材的膨胀率，因而不易变形和开裂，并保留了实木地板的自然纹路和舒适脚感。

2）多层实木复合地板。多层实木复合地板是以多层实木胶合板为基材，在其上覆贴一定厚度的硬木薄片或制切薄木，通过合成树脂胶热压制成的。

（2）实木复合地板的常见规格　见表 2-2。

表 2-2　实木复合地板的常见规格

类别	规格/mm					
	常见			特殊		
	长	宽	厚	长	宽	厚
三层	910～2200	125～205	12～15	—	—	18～30
多层	910～1500	90～180	8～18	1818～2200	189～303	—

2. 强化复合木地板

强化复合木地板又称为强化木地板或浸渍纸压木地板，一般由耐磨层、装饰层、芯层、防潮层通过合成树脂胶热压制成。耐磨层是在强化复合木地板的表层上均匀压制一层由三氧化二铝组成的耐磨剂。装饰层一般是经过三聚氰胺树脂浸渍的木纹图案装饰纸。芯层为高密度纤维板。防潮层为浸渍了酚醛树脂的平衡纸。强化复合木地板的常见规格为：宽180mm、200mm；长1200mm、1800mm；厚6mm、7mm、8mm、12mm。强化复合木地板的应用如图 2-9所示。

图 2-9　强化复合木地板的应用

（1）强化复合木地板的优点　强化复合木地板的铺设效果较好，耐磨性能好，且阻燃性能和耐污染、耐腐蚀能力较强，抗冲击性能好，铺设方便且易于清洁和护理。

（2）强化复合木地板的缺点　强化复合木地板由于密度较大，所以脚感稍差，且可修复性较差，一旦损坏便无法修复，必须更换。强化复合木地板由于在生产过程中会使用含甲醛的胶粘剂，存在一定的甲醛释放问题。

2.2.3 软木地板

1. 软木地板基本知识

软木地板是木地板家族中价格比较昂贵的品种，与复合木地板相比，在环保、隔声、防潮等方面的效果更好一些，脚感也更好。

软木取材于栓皮栎橡树的树皮，栓皮栎橡树是世界上现存十分古老的树种之一，也是珍贵的绿色可再生资源。现在世界上的软木资源主要集中在地中海沿岸及我国的秦岭地区。软木是由许多充满空气的木栓质细胞组成的，细胞壁上有纤维素质的骨架，其上覆盖木栓质和软木蜡，使其成为一种不透水物质，具有质地轻柔、富有弹性、密度小、不传热、不导电、不透气、耐久、耐压、耐磨、耐腐蚀、耐酸、耐水及无延展等特性。软木制品的使用寿命较长，非常适合制作软木装饰墙板和地板。

2. 软木地板的种类

软木地板可分为粘贴式软木地板和锁扣式软木地板，如图 2-10 所示。

粘贴式软木地板　　　　　　　　　　锁扣式软木地板

图 2-10　软木地板分类

1）粘贴式软木地板一般为三层结构，最上层是耐磨水性涂层；中间层是人工打磨的软木面层，该层为软木地板花色；最下层是二级环境工程学软木基层。

2）锁扣式软木地板一般分为六层，从上往下第一层是耐磨水性涂层；第二层是人工打磨的软木面层，该层为软木地板花色；第三层是一级人体工程学软木基层；第四层是 7mm 厚的 HDF（高密度纤维板）；第五层是锁扣拼接系统；第六层是二级环境工程学软木基层。

软木地板的一般规格为 305mm × 915mm × 10.5（11）mm、450mm × 600mm × 10.5（11）mm。市面上一般采用粘贴式软木地板来配合地热采暖。粘贴式软木地板的使用寿命比锁扣式软木地板要长，可以铺装在厨房、卫生间等潮湿环境中。

3. 软木地板的应用

对于软木，人们认识比较多的是软木葡萄酒瓶塞，其实软木墙板和软木地板已有上百年的使用历史。软木地板保持了软木的自然本色，具有独特的自然花纹。由于软木特殊的多孔薄壁细胞结构，产品具有优异的防滑、隔声、隔振效果，且弹性适宜、行走舒适，有益于身体健康。软木地板还具有保温、隔热、绝缘、不产生静电、耐液（水、油、酸、皂液等）、不霉变、防潮、无毒、不易燃、有自熄性、铺装方便、易于清洁、装饰效果好等特点，且不含甲醛等有害物质，是一种绿色环保产品。

软木地板适用于家庭、医院、幼儿园、老人公寓、别墅、办公室、各种商场、计算机房、图书馆、博物馆、实（化）验室、播音室、演播厅、高级宾馆、会议室等场所，特别适用于需要安静、防滑、耐水、防潮、防蛀虫的地方。软木地板的应用如图 2-11 所示。

图 2-11 软木地板的应用

2.2.4 竹木复合地板

竹木复合地板是竹材与木材复合再生的产物，它的面板和底板采用的是上好的竹材，而其芯层多为杉木、樟木等木材。竹木复合地板的生产制作要依靠精良的机器设备和先进的生产工艺，经过一系列的防腐、防蚀、防潮、高压、高温以及胶合、旋磨等工序制成。竹木复合地板外观自然清新、纹理细腻流畅，有弹性；同时，其表面坚硬程度可以与木制地板中的常见材种相媲美。另一方面，由于该地板的芯材采用了木材作为原料，故其具有稳定性好、结实耐用、脚感好、格调协调、隔声性能好、冬暖夏凉等优点，适用于居家环境以及体育娱乐场所等的室内装修。竹木复合地板的应用如图 2-12 所示。

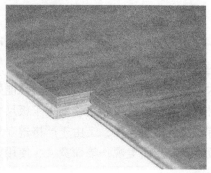

图 2-12 竹木复合地板的应用

竹木复合地板按表面不同可分为径面竹地板（侧压竹地板）和弦面竹地板（平压竹地板）两大类；按加工处理方式不同又可分为本色竹地板和炭化竹地板。本色竹地板保持了竹子原有的色泽。炭化竹地板的竹条经过高温高压炭化处理后，颜色加深，并且色泽均匀一致；同时，经过独有的二次炭化技术，将竹材中的营养成分全部炭化，材质更为轻盈，竹纤维呈"空心砖"状排列，抗拉、抗压强度及防水性能得到显著提高，并从根本上解决了虫蛀问题。竹木复合地板的常用规格为长460～2200mm、宽60～150mm、厚9～30mm，也可以根据需要定制。

2.3　人造板

人造板是以木材为主要原料，将其制成单板或短小料、刨花、碎料等，再通过施加胶粘剂和其他添加剂经热压胶合制成的板状材料。人造板既能保持天然木材的许多优点，又能克服木材的一些缺陷，如人造板具有幅面尺寸大、表面平整光洁、质地均匀、利用率高、变形小、物理性能好、便于各种加工等优点。采用人造板生产家具，具有结构简单、外观造型新颖大方、质量好、产量高等优点，便于实现标准化、机械化及自动化生产。

2.3.1　细木工板

细木工板（俗称大芯板、木芯板、木工板）是由两片单板中间经胶压拼接木板制成的，如图2-13所示。细木工板的两面胶粘单板的总厚度不得小于3mm。其中间的拼接木板是由优质的天然木板经热处理（在烘干室烘干）以后，加工成一定规格的木条，再由拼板机拼接制成的。

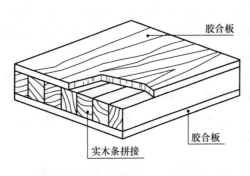

图2-13　细木工板及应用

1. 性质

细木工板具有质轻、易加工、握钉性能好、不变形等优点，是室内装修和高档家具制作的理想材料。与实木拼板相比，细木工板尺寸稳定、不易变形，有效地克服了木材的各向异性，具有较高的横向强度，又由于严格遵守对称组坯原则，有效地避免了板材的翘曲变形。细木工板还具有板面美观、幅面宽大、使用方便的优点。细木工板主要应用于家具制造、门板、壁板等。

细木工板的材种有许多，如杨木、桦木、松木、泡桐等，其中以杨木、桦木为佳，具有质地密实、硬度适中、握钉性能好、不易变形等优点；而泡桐的质地很轻、较软，吸水率较大，握钉性能较差，不易烘干，制成的板材在使用过程中，当水分蒸发后板材易干裂变形；松木质地坚硬，不易压制，拼接结构不好，握钉性能较差，变形系数较大。

2. 种类

1）细木工板按板芯结构分类可分为实心细木工板（以实体板芯制成的细木工板）、空心细木工板（以方格板芯制成的细木工板）。

2）细木工板按表面加工情况分类可分为单面砂光细木工板、双面砂光细木工板和不砂光细木工板。

3）细木工板按使用环境分类可分为室内用细木工板（适用于室内使用的细木工板）、室外用细木工板（可用于室外的细木工板）。

4）细木工板按层数分类可分为三层细木工板（在板芯的两个大表面各粘贴一层单板制成的细木工板）、五层细木工板（在板芯的两个大表面上各粘贴两层单板制成的细木工板）、多层细木工板（在板芯的两个大表面各粘贴两层以上层数的单板制成的细木工板）。

3. 应用

细木工板可用于家具、门窗（套）、隔断、隔墙、散热器罩、窗帘盒等。由于其内部为实木条，所以对加工设备的要求不高，方便现场施工。

4. 规格

市场上细木工板的尺寸很多，但是常用的细木工板尺寸通常是 2440mm × 1220mm × 18mm。另外，比较常用的厚度尺寸还有 12mm、15mm、20mm。

2.3.2　胶合板

1. 性质

胶合板又叫夹板，是将原木旋切成单板薄片，经干燥、涂胶，再用胶粘剂按奇数层数粘结，各层纤维互相垂直使纹理纵横交错，最后经胶合热压成型。胶合板具有尺寸多样、质地柔韧、易弯曲等优点。

常用的胶合板为三层胶合板、五层胶合板、七层胶合板和九层胶合板，胶合板的最高层数为 15 层，建筑装饰工程常用的是三层胶合板和五层胶合板，如图 2-14 所示。

三层胶合板　　　　五层胶合板　　　　多层胶合板

图 2-14　胶合板

2. 种类

（1）Ⅰ类（NOF）　此类为耐候、耐沸水胶合板，常用字母"A"表示。该类胶合板是以酚醛树脂胶或其他性能相当的胶粘剂粘合制成的，该类胶合板具有耐久、耐煮沸、耐蒸汽处理和抗菌等性能，能在室外使用。

（2）Ⅱ类（NS）　此类为耐水胶合板，常用字母"B"表示。这类胶合板能在冷水中浸渍，能经受短时的热水浸渍，并具有抗菌性能，但不耐煮沸。该类胶合板的胶粘剂同Ⅰ类。

（3）Ⅲ类（NC）　此类为耐潮胶合板，常用字母"C"表示。这类胶合板能耐短时的冷水浸渍，适于室内常态下使用。这类胶合板是以低树脂含量的脲醛树脂胶、血胶或其他性能相当的胶粘剂粘合制成的。

（4）Ⅳ类（BNC）　此类为不耐潮胶合板，常用字母"D"表示。这类胶合板只能在室内常态下使用，具有一定的粘接强度。这类胶合板是以豆胶或其他性能相当的胶粘剂粘合制成的。

3. 应用

胶合板具有幅面较大、不翘不裂、花纹美丽、表面平整、容易加工、材质均匀、强度较高、收缩较小等优点，适用于建筑室内的墙面装饰。在进行设计和施工时，通过采取一定手法可获得线条明朗、凹凸有致的外观效果。胶合板也可用作家具的旁板、门板、背板等。胶合板表面可涂装成各种类型的漆面，还可以进行涂料的喷涂处理。胶合板工程制品如图 2-15 所示。

图 2-15　胶合板工程制品

4. 规格

胶合板的长、宽规格通常是 1220mm × 2440mm，厚度规格一般有 3mm、5mm、9mm、12mm、15mm、18mm 等。

2.3.3　薄木贴面板

1. 性质

薄木贴面板即木饰面板，是胶合板的特殊品种，如图 2-16 所示。薄木贴面板是将木材经一定的处理或加工后，经精密刨切或旋切成厚度为 0.1 ~ 1mm 的薄木切片，再将薄木切片用胶粘剂粘贴在基板上制成。薄木贴面板具有花纹美观、装饰性好、真实感强、立体感突出等特点。

2. 种类

薄木贴面板按制造方法不同可分为旋切薄木贴面板、半圆旋切薄木贴面板、刨切薄木贴面板；按花纹不同可分为径向薄木贴面板和弦向薄木贴面板；按结构形式不同可分为天然薄木贴面板、集成薄木贴面板和人造薄木贴面板。天然薄木贴面板是天然材料，未经分离、重组和粘结，因此天然薄木贴面板的市场价格一般要高于集成薄木贴面板与人造薄木贴面板。集成薄木贴面板是将木材按一定花纹要求先加工成规则几何体，然后将这些需要粘合的几何体表面涂胶，按设计要求组合、粘结成集成木方，再经刨切成集成薄木贴面板。人造薄木贴面板是先用计算机设计花纹并制作模具,再将普通树种的木材单板经染色、层压和模压后制成木方,最后经刨切制成的。人造薄木贴面板既可仿制各种珍贵树种的天然花纹,也可制作出天然木材没有的花纹图案。

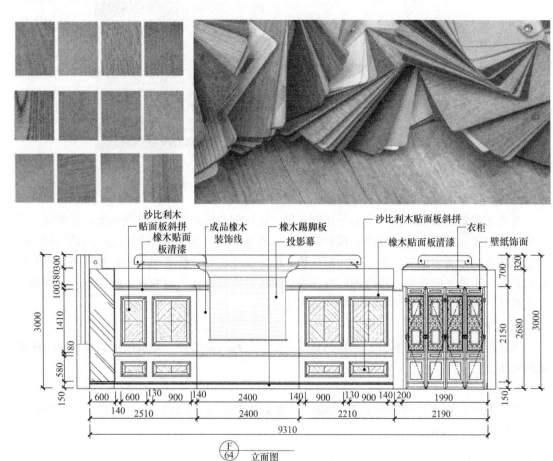

图 2-16 薄木贴面板制品

3. 应用

薄木贴面板的特点是具有名贵木材的天然纹理或仿天然纹理,可方便地裁切和拼花;同时,有很好的粘结性质,可以在大多数材料上进行粘贴装饰,是室内装饰工程中广泛应用的饰面装饰材料。薄木贴面板广泛应用于吊顶、墙面、家具、橱柜、装饰造型等。

4. 规格

薄木贴面板的常用规格为 1830mm×915mm、1830mm×1220mm、2135mm×915mm 和 2135mm×1220mm 等,厚度为 3~6mm。

2.3.4 刨花板

1. 性质

刨花板又叫微粒板、颗粒板、碎料板,是以由木渣或其他刨花类木质纤维素材料制成的碎料为原料,利用胶料和辅料在一定温度下压制而成的。刨花板结构比较均匀,加工性能较好，可以根据需要加工成大幅面的板材，可制作不同规格、样式的家具。成品刨花板不需要再次干燥，可以直接使用，吸声和隔声性能很好。刨花板制品如图 2-17 所示。

图 2-17　刨花板制品

2. 种类

刨花板按制造方法不同可分为平压刨花板、辊压刨花板和挤压刨花板三类；按密度不同可分为高密度刨花板、中密度刨花板和低密度刨花板三类；按结构不同可分为单层刨花板、三层刨花板、渐变多层刨花板、定向刨花板、模压刨花板等；按表面装饰处理不同可分为磨光刨花板、不磨光刨花板、浸纸饰面刨花板、单板贴面刨花板、表面涂饰刨花板、印刷饰面刨花板等。在装饰工程中常使用 A 类刨花板。

3. 应用

刨花板常用作贴面的基材、家具的背板、抽屉门或其他部件、地板的铺垫板、室内楼梯脚踏板等。

4. 规格

刨花板的规格因厚度不同而异，幅面一般都是 1220mm × 2440mm，厚度为 8 ~ 25mm，常见厚度是 16 ~ 19mm。

2.3.5　纤维板

1. 性质

纤维板是以植物纤维（木材加工剩余的板皮、刨花等废料以及稻草、麦秸、玉米秸秆、竹材等）为主要原料经破碎浸泡、研磨成木浆，再加入一定的胶料经过热压成型、干燥等工序制成的。纤维板的材质、强度都较为均匀，抗弯强度较高，收缩较小，平整性好，不易开裂，有一定的绝热和吸声功能，耐腐蚀，可以代替实木地板用于室内装饰。纤维板制品如图 2-18 所示。

2. 分类

根据纤维板的体积密度不同可分为硬质纤维板、中密度纤维板和软质纤维板三种。

（1）硬质纤维板　密度大于 $0.88g/cm^3$ 的纤维板称为硬质纤维板。其强度高不易变形，是木材的优良替代品。按照物理性能和外观质量不同，硬质纤维板可分为特级、一级、二级、三级、四级。

（2）中密度纤维板　密度在 $0.55 ~ 0.88g/cm^3$ 的纤维板称为中密度纤维板，和硬质纤维板有所不同的是，中密度纤维板只分为特级、一级和二级三个等级。将其制成带有一定孔

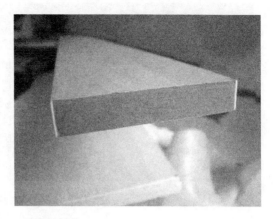

图 2-18　纤维板制品

型的盲孔板，再施以白色涂料，兼有吸声和装饰作用，可作为室内的顶棚材料。

（3）软质纤维板　密度小于 $0.55g/cm^3$ 的纤维板称为软质纤维板。因其结构松软故强度较低，保温性能和吸声效果较好，常用作顶棚材料和隔热材料。

2.3.6　木丝板、木屑板

　　木丝板、木屑板与刨花板的制造工艺较为相似，分别是以短小废料或者木丝、木屑为原料，经干燥后加入胶料，再经热压制成。所用胶料为合成树脂、水泥或菱苦土等无机胶料。这类板材质量较轻、强度较低、价格较为便宜，主要用作绝热和吸声材料。经热压合成的木屑板，其表面可粘贴塑料贴面或胶合板作为饰面层，这样既增加了板材的强度，又使板材具有装饰性，可用作吊顶等材料。木丝板制品及材料如图 2-19 所示。

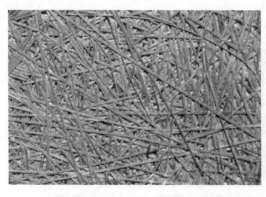

图 2-19　木丝板制品及材料

2.3.7　麦秸秆板

　　1. 概念

　　麦秸秆板是利用稻草、麦秸秆加工制成的一种可以自然降解、无污染的合成板。加工时将稻草或麦秸秆粉碎，经烘干、加入胶粘剂、入模、在加热炉内加热定型、脱模等工序制成。麦秸秆板制品及材料如图 2-20 所示。

图 2-20　麦秸秆板制品及材料

2. 性质

麦秸秆板在性能方面处于中密度纤维板和刨花板之间，是一种匀质板材，具有非常光洁的表面，其生产成本比刨花板还低，在强度、尺寸稳定性、加工性能、螺钉握固能力、防水性能、贴面性能和密度等方面都要胜过刨花板。麦秸秆本来就是很好的纤维原料，很多性能比木材要好。麦秸秆一直没有被广泛用于人造板制造，是由于麦秸秆含有丰富的蜡质层，这个特点使得麦秸秆无法被传统的醛类胶粘剂（比如脲醛树脂）粘结起来。

3. 应用

麦秸秆板有以下应用：

1）用于建筑工程：承重墙板、非承重墙板、楼层板、楼顶板、建筑模板、混凝土模板。

2）用于室内装修：作为刨花板和胶合板、木芯板、装饰板的升级换代品。

3）用在家具行业：可用于制造各式家具。

4）用在地板行业：可作为实木复合地板的基材。麦秸秆板制品如图 2-21 所示。

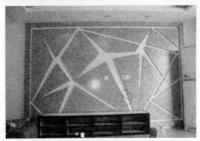

图 2-21　麦秸秆板制品

2.4 其他木材装饰材料

2.4.1 防腐木

防腐木是经过防腐工艺处理的天然木材，经常被运用在建筑与景观环境设施中，体现了亲近自然、绿色环保的理念。防腐木根据处理工艺的不同可分为经过防腐剂处理的防腐木、经过热处理的炭化木和不经过任何处理的红崖柏。

1）经过防腐剂处理的防腐木选用优质木材，使用传统的 CCA（铬化酸铜）防腐剂或 ACQ（烷基铜铵化合物）防腐剂对木材进行真空加压、浸渍处理制成。经过此法处理的木材在室外条件下，正常使用的寿命可达 20~40 年之久。经过防腐处理的木料不会受到真菌、昆虫和微生物的影响，具有性能稳定、密度高、握钉性能好、纹理清晰的特点。

2）经过热处理的炭化木是将天然木材放入一个相对封闭的环境中，对其进行高温（180~230℃）处理，得到的一种拥有部分炭化特性的木材制品。该制品是将木材的有效营养成分炭化，通过切断腐朽菌生存的营养链来达到防腐的目的。木材在整个处理的过程中，只与水蒸气和热空气接触，不添加任何化学试剂，保持了木材的天然本质。同时，木材在炭化过程中，内外受热均匀一致，在高温的作用下颜色加深，炭化后效果可与一些热带、亚热带的珍贵木材相提并论。

3）红崖柏是一种产于加拿大的红雪松，其制品未经过任何防腐处理，主要是靠木材自含的一种酶散发特殊的香味来达到防腐的目的。

防腐木适用于建筑外墙、景观小品、亲水平台、凉亭、护栏、花架、屏风、秋千、花坛、栈桥、雨篷、垃圾箱、木梁等。用于室外装饰外墙时，木板常用的厚度为 12~20mm；用于室外地板时，木板的厚度一般为 20~40mm。防腐木制品及应用如图 2-22 所示。

图 2-22 防腐木制品及应用

2.4.2 木龙骨

木龙骨又称为木方，主要是由红松、白松、杉木等木材加工成截面为长方形或正方形的木长条，如图 2-23 所示。木龙骨是装修中常用的一种骨架材料，有多种型号用于撑起外部装饰板，它容易造型，握钉性能好，易于安装，特别适合与其他木制品的连接。但是木龙骨不防火，不防潮，容易变形，可能生虫发霉。

图 2-23　木龙骨制品

1. 种类

木龙骨分为吊顶龙骨、隔墙龙骨、铺地龙骨等,如图 2-24 所示。作为吊顶龙骨和隔墙龙骨时,需要在其表面再刷一层防火涂料。作为铺地龙骨时,应进行相应的防霉处理,因为木龙骨比实木地板更容易腐烂,腐烂后产生的霉菌会使居室产生异味,并影响实木地板的使用寿命。

隔墙龙骨　　　　　　　　　　铺地龙骨　　　　　　　　　　吊顶龙骨

图 2-24　木龙骨的应用

2. 规格

木龙骨一般是长方形或者正方形的木条,规格没有限制。隔墙木龙骨用得比较多的规格是 20mm × 30mm × (2 ~ 4) m。墙裙木龙骨的常用规格是 10mm × 30mm。铺地木龙骨的常用规格是 25mm × 40mm × (2 ~ 4) m 或 30mm × 40mm × (2 ~ 4) m。副(次)龙骨的常用规格有 20mm × 30mm、25mm × 35mm 和 30mm × 40mm。主龙骨的常用规格有 30mm × 40mm、40mm × 60mm。还有 60mm × 80mm 的大规格龙骨,但是基本不会用于家庭装修。

2.4.3　木质装饰线

木质装饰线是室内造型设计时使用的重要材料,同时也是非常实用的功能性材料,一般用于顶棚、墙面装饰及家具制作等装饰工程的平面相接处、相交面、分界面、层次面、对接面的衔接、收边、造型等。同时,在室内起到色彩过渡和协调的作用,可利用角线将两个相邻面的颜色差别和谐地搭配起来，并能通过角线的安装弥补室内界面处土建施工的质量缺陷等。木质装饰线效果如图 2-25 所示。

图 2-25　木质装饰线效果

1. 木质装饰线的品种、规格

木质装饰线的品种、规格较多，如图 2-26 所示。其从材质上分有硬质杂木线、水曲柳线、山樟木线、胡桃木线、柚木线等；从功能上分有压边线、柱角线、压角线、墙角线、墙腰线、覆盖线、封边线、镜框线等；从外形上分有半圆线、直角线、斜角线等；从款式上分有外突式、内凹式、凹凸结合式、嵌槽式等。

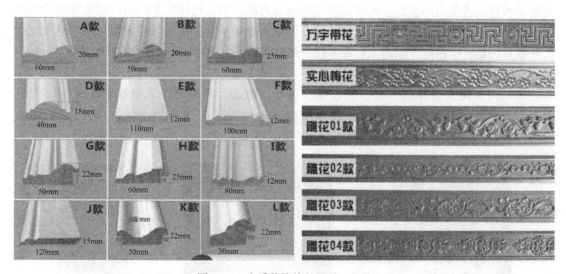

图 2-26　木质装饰线的品种、规格

2. 木质装饰线的施工要求

1）木质装饰线的安装基层必须平整、坚实，装饰线不得随基层起伏。

2）木质装饰线的安装应根据不同基层采用相应的连接方式，可用钉子或高强度建筑胶进行固定。

3）木质装饰线的连接既可进行对接拼接，也可弯曲成各种弧线。接口处应拼对花纹，拐弯接口应齐整无缝，同一种房间的颜色要一致。

4）木质装饰线的表面可用清水或混水工艺装饰。

3. 木质装饰线的质量要求及检验方法

1）木质装饰线宜选用木质硬、木质细、材质好的木材，并应光洁、手感顺滑，无飞边。

2）木质装饰线应色泽一致，无瘤节、开裂、腐蚀、虫眼等缺陷。

3）木质装饰线图案应清晰，加工深度应一致。

4）检查背面，木质装饰线背面质量要满足设计要求。已经涂装的木质装饰线，既要检查正面涂装的光洁度、色差，也要检查背面的同类检验项。

2.4.4　木门

木门根据材料不同可分为实木门、实木复合门、模压门等。

1. 实木门

实木门是以天然原木作为门芯，经过脱脂烘干处理后，经下料、抛光、开榫、打眼、高速铣形等工序制成。实木门选用的多是名贵木材，如樱桃木、胡桃木、橡胶木、金丝柚木、橡木等，经过加工后的成品实木门具有不变形、耐腐蚀、无拼接缝及隔热保温、隔声等特点。实木门如图2-27所示。

2. 实木复合门

实木复合门的门芯一般用松木、柏木、杉木或者其他杂木填充，表面是密度板贴木皮或木纹纸。实木复合门有两种，一种叫木质复合门，一种叫指接实木门。木质复合门的门芯填充的是板材或者是由小木料、木渣加胶水粘合成的混合物；指接实木门的门芯填充的是实木块，环保性能比木质复合门要好。实木复合门越重越好。其价格一般根据填充门芯的木材种类和数量决定，也跟门外贴的木皮或木纹纸的种类有关。实木复合门如图2-28所示。

3. 模压门

模压门采用人造林的木材，经去皮、切片、筛选、研磨等工艺制成干纤维，拌入酚醛胶和石蜡后，在高温高压下经一次模压制成。模压门如图2-29所示，其门板可分为以下三类：

图2-27　实木门

图2-28　实木复合门

图2-29　模压门

（1）实木贴皮模压门板　实木贴皮模压门板采用中密度板或高密度板为基材，表面贴饰水曲柳、黑胡桃木、花梨木和沙比利木等天然实木皮，由真空模压机在高温、高压、高热环境下，采用一次成型或两次成型工艺制成，具有低碳、环保、美观、安装便捷、不开裂、不变形等优点，受到了广大消费者的喜爱。

（2）三聚氰胺模压门板 三聚氰胺模压门板采用中密度板或高密度板或钢板为基材，表面贴饰三聚氰胺纸，由真空模压机在高温、高压、高热环境下制成。三聚氰胺模压门板造价便宜、装潢费用低，应用越来越多。

（3）塑钢模压门板 塑钢模压门板使用钢板作为材料，经过工艺压花后制作成各种雕花，再经过加工后制成。塑钢模压门板样式上大气且庄重，适合作为房屋的室外门，相对于实木贴皮模压门板和三聚氰胺模压门板，塑钢模压门板的安全性、实用性更高，所以价格也会较贵一些。

2.4.5 实木马赛克

实木马赛克区别于传统的陶瓷马赛克，主要是由生态木制成，芯材是由木质纤维加树脂后经过高强度挤压制成。实木马赛克具有天然的木质感和木材纹理，高档且美观；色泽自然、质朴、细密、精实。强化纹理的实木马赛克，由于采用了凹凸立体工艺，让马赛克不再平面化，而是走向了立体3D效果，同时让空间更加广阔并富有层次感。强化肌理的褶皱实木马赛克，在木纹原有的基础上进行了深入刻画，让触感得到最大体现。实木马赛克的应用如图2-30所示。

图2-30 实木马赛克的应用

2.5 木材装饰材料施工工艺

2.5.1 木饰面板施工工艺

1. 施工准备

（1）材料要求 木材的树种、材质等级、规格应符合设计要求，以及有关施工、验收规范的规定。龙骨材料一般用红松、白松等的烘干料，并预先经防腐处理。饰面板要求纹理顺直、颜色花纹均匀一致，不得有节疤、裂缝、扭曲、变色等疵病。辅料包括防潮卷材、防火涂料、胶粘剂、乳胶、冷底子油、钉子等。

（2）主要工具、材料 木饰面板施工主要工具、材料如图2-31所示。

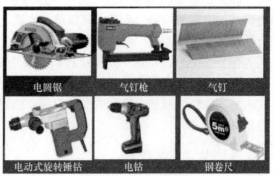

图 2-31 木饰面板施工主要工具、材料

2. 工艺流程

基层处理→找位与弹线→检查预埋件及洞口→涂刷防潮、防腐涂料→龙骨制作与安装→安装成品木饰面板→钉贴脸。

3. 操作工艺

(1) 基层处理 除污、除油、除杂质，有要求的墙面预先进行防潮、防渗漏处理。

(2) 找位与弹线 木护墙、木筒子板在安装前，应先根据设计图要求找好标高、平面位置及竖向尺寸，并进行弹线。

(3) 检查预埋件及洞口 弹线后检查预埋件、木砖是否符合设计及安装的要求，主要检查排列间距、尺寸、位置是否满足钉装龙骨的要求；测量门窗及其他洞口的位置、尺寸是否方正、垂直，与设计要求是否相符。

(4) 涂刷防潮、防腐涂料 设计有防潮、防腐要求的木护墙、木筒子板，在钉装龙骨时应压铺防潮卷材，或在钉装龙骨前进行涂刷防潮、防腐涂料的施工。

(5) 龙骨制作与安装

1) 木护墙龙骨。木护墙龙骨必须涂刷防火涂料后方可使用。

2) 局部木护墙龙骨。根据房间大小和高度，可预制成龙骨架，整体或分块安装。

3) 全高木护墙龙骨。首先量好房间尺寸，根据房间四角和上下龙骨的位置，将四框龙骨找位，要求钉装平直，然后按设计龙骨间距要求钉装横向和竖向龙骨。

木护墙龙骨间距：一般横向龙骨间距为 400mm，竖向龙骨间距为 500mm。如面板厚度在 15mm 以上，横向龙骨间距可扩大到 450mm。木龙骨安装必须找方、找直，骨架与木砖之间的空隙应垫以木垫，每块木垫至少用两个钉子钉牢。在钉装龙骨时应预留出版面厚度。

4) 木筒子板龙骨。根据洞口实际尺寸，按设计规定的骨架断面规格，可将一侧筒子板骨架分三片预制（洞顶一片、两侧各一片）。每片一般为两根立杆，当筒子板宽度大于 500mm 时，中间应适当增加立杆。横向龙骨间距不大于 400mm；面板宽度为 500mm 时，横向龙骨间距不得大于 300mm。龙骨必须与固定件钉装牢固，表面应刨平，安装后必须平、正、直。防腐剂配制与涂刷方法应符合有关规范的规定。

(6) 安装成品木饰面板

1) 面板选色配纹。全部进场的面板材，在使用前先按同房间的临近部位用量进行挑选，要求安装后从观感上木纹、颜色近似一致。

2）裁板配制。按龙骨排尺，在板上画线裁板。原木材板面应刨净；胶合板、贴面板的板面严禁刨光，小面皆须刮直。面板长向对接配制时，必须考虑接头位于横龙骨处。原木材的面板背面应制作卸力槽，一般卸力槽的间距为100mm，槽宽10mm，槽深4~6mm，以防板面扭曲变形。

3）饰面板安装。饰面板安装前，对龙骨的位置、平直度、牢固程度、防潮构造要求等进行检查，合格后方可进行安装。饰面板配好后先进行试装，面板尺寸、接缝、接头处构造完全合适，木纹方向、颜色的观感满足设计要求的情况下，才能进行正式安装。饰面板收口板处应涂建筑胶与龙骨钉牢，钉固面板的钉子应满足设计要求，钉长为面板厚度的2~2.5倍，钉距一般为100mm，钉帽应砸扁，并用尖冲子将针帽顺木纹方向冲入面板表面下1~2mm。

（7）钉贴脸 贴脸材料应进行挑选，花纹、颜色应与框料、面板近似。贴脸的尺寸、厚度应一致，接挂应顺平无错槎。

木饰面板施工过程示意如图2-32所示。

图2-32 木饰面板施工过程示意

4. 质量标准

（1）主控项目 成品饰面板基层材料的品种、材质等级、含水率和防腐措施等，必须符合设计要求和施工及验收规范的规定。细木制品与基层或木砖的镶钉必须牢固、无松动。

（2）一般项目 制作尺寸应正确，要求表面平直光滑、棱角方正、线条顺直、不露钉帽，无戗槎、刨痕、飞边和锤印。安装位置应正确，割角应整齐、交圈，接缝要严密，版面要平直通顺、与墙面紧贴，出墙尺寸应一致。

木护墙板、筒子板安装允许偏差见表2-3。

表 2-3　木护墙板、筒子板安装允许偏差

项目	允许偏差/mm	检查方法
上口平直度	3	拉5m线，尺量检查
垂直度	2	吊线坠，尺量检查
表面平整度	1.5	用1m靠尺检查
压缝条间距	2	尺量检查
筒子板表面平整度	1	用靠尺检查

2.5.2　实木地板施工工艺

1. 施工种类

实木地板有架空、实铺、直铺三种铺设方式，如图 2-33 所示，可采用双层面层或单层面层铺设。

架空式木地面　　　　　　　实铺式木地面　　　　　　　直铺式木地面

图 2-33　木地板常见施工形式

（1）架空式木地面　这种木地面主要用于使用过程要求弹性好，或面层与基底距离较大的场合，一般通过地垄墙、砖墩或钢木支架的支撑来架空。其优点是使木地板富有弹性、脚感舒适、隔声、防潮。架空时木龙骨与基层连接应牢固，同时应避免损伤基层中的预埋管线。其缺点是施工较复杂、造价高。

（2）实铺式木地面　这种木地面是直接在基层的找平层上固定木格栅，然后将木地板铺钉在木格栅上。这种做法具有架空木地板的大部分优点，而且施工较简单，所以实际工程中应用较多。实铺时应注意防腐防菌。

（3）直铺式木地面　这种木地面是直接在基层找平后铺设防潮膜，然后进行地板的拼接铺设。这种做法对找平的要求较高，比较节约时间和人力、物力。

2. 工艺流程

（1）实铺式　检验实木地板质量→准备机具→弹线、找平→安装木龙骨→安装毛地板→地板安装→踢脚板安装收口。

（2）架空式　基层处理→弹线、找平→砌地垄墙→安装木龙骨→防潮处理→安装毛地板→地板安装→踢脚板安装。

3. 操作工艺

（1）基层清理　清理基层中的灰尘、残浆、垃圾等杂物，对基层的空鼓、麻点、掉皮、起砂、高低偏差等部位进行返修。

（2）测量放线　在基层上按设计规定的格栅间距和基层预埋件弹出十字交叉线；依据水平基准线，在四周墙面上弹出地面设计标高线。

（3）钻孔、安装预埋件　在地面上预埋直径 6mm 的 H 形紧固件或者钻孔，埋入膨胀螺栓或木楔用来固定木龙骨。

（4）安装木龙骨

1）实铺式。木龙骨的断面选择应根据设计要求（一般采用 30mm × 40mm 木龙骨），要经过防腐、防水、防火处理。木龙骨宜先从墙的一边开始逐步向对边铺设，铺设数根后应用水平尺找平，要严格控制标高、间距及平整度。木龙骨骨架双向间距不大于 400mm，接头应采用平接头，每个接头用双面木夹板每面钉牢，也可以用扁铁双面夹住后钉牢。木龙骨与墙之间留出不小于 30mm 的缝隙，以利于通风防潮。木龙骨的表面应平直，若表面不平，可用垫板垫平（垫板要与龙骨钉牢），也可刨平。

2）架空式。空铺法的地垄墙高度应根据架空的高度及使用的条件经计算后确定，地垄墙的质量应符合有关验收规范的技术要求，并留出通风孔洞。

① 在地垄墙上垫放通长的压沿木或垫木。压沿木或垫木应进行防腐处理，并用预埋在地垄墙里的铁丝将其绑扎、拧紧，绑扎间距不超过 300mm。接头采用平接头，绑扎用的铁丝应分别绑扎在接头两端 150mm 以内，以防接头松动。

② 在压沿木表面画出各龙骨的中线，然后将龙骨对准中线摆好，端头离开墙面的缝隙约为 30mm。木龙骨要与地垄墙垂直，摆放间距一般为 400mm，并应根据设计要求并结合房间的具体尺寸均匀布置。当木龙骨表面不平时，可用垫木或木楔在龙骨底下垫平，并将其钉牢在压沿木上。为防止龙骨活动，应在固定好的木龙骨表面临时钉设木拉条，使之互相拉紧。

③ 龙骨摆正后，在龙骨上按剪刀撑的间距弹线，然后按弹线将剪刀撑钉于龙骨侧面。同一行剪刀撑的表面要对齐顺线、上口齐平。

（5）防潮地膜　龙骨之间的空隙内按设计要求填充防腐材料，填充材料不得高出木龙骨上表面。然后整体铺设地膜，地膜比较理想的厚度是 0.22mm 以上，此厚度范围的地膜具有抗碱防酸的能力，可延长木地板的使用寿命。

（6）铺钉实木地板面层　实木地板有单层和双层两种。最常见的是单层实木地板，将条形实木地板直接钉牢在木龙骨上，条形板与木龙骨垂直铺设。用 50mm 的钉子从凹榫边以倾斜方向钉入地板，钉帽砸扁入板内 3～5mm。企口条板要钉牢、排紧；板端接缝应错开，其端头接缝一般要规律地在一条直线上。每铺设 600～800mm 宽应拉线找直，修整板缝宽度不大于 0.5m。

双层实木地板是在木龙骨上先钉一层毛地板，再钉实木条板。毛地板一般采用较窄的松木或杉木条板，毛地板使用前必须做防腐处理。板之间的缝隙不大于 3mm，距离墙面大约 10mm。毛地板用铁钉与龙骨钉紧，宜选用长度为板厚 2～2.5 倍的铁钉。每块毛地板应在每根龙骨上各钉两个钉子固定，钉帽应砸扁并冲进毛地板内 2mm。毛地板的接头必须设在龙骨中线上，表面要调平。

还有一种拼花木地板，是在毛地板上进行拼花铺设的。铺钉前应根据设计要求的图案进行弹线，一般有正方形、斜方格形、人字形等。

（7）安装踢脚板　实木地板安装完毕后即可安装踢脚板。踢脚板的厚度应以能压住实木地板与墙面的缝隙为准，通常厚度为15mm，以铁钉固定。踢脚板背面开成凹槽，以防翘曲，并每隔1m钻直径6mm的通风孔。在墙上每隔750mm设防腐木砖或在墙上钻孔打入防腐木砖，把踢脚板用钉子钉牢在防腐木砖上，钉帽砸扁并冲入木板内。踢脚板板面应垂直，上口应水平。踢脚板的阴（阳）角交接处应切割成45°拼装，踢脚板接头也应固定在防腐木块上。

（8）收口　收口有两种方法：一种是地板厂商提供的压条，可以放在收口处；第二种方法是过门石跟地板平面相接，只留小缝隙，不做压条。

实铺式木地板施工过程示意如图2-34所示。

图2-34　实铺式木地板施工过程示意

4. 质量要求

1）木地板材料的品种、规格、图案、颜色和性能应符合设计要求

2）木地板工程的基层板铺设应牢固、不松动。

3）木格栅的截面尺寸、间距和固定方法等应符合设计要求。木格栅在固定时，不得损坏基层和预埋管线。

4）木地板的铺贴位置、图案排布应符合设计要求。

5）木地板表面应洁净、平整光滑，无刨痕、污物、飞边、戗槎等缺陷。划痕每处长度不应大于10mm，同一房间累计长度不应大于300mm。

6）木地板面层应打蜡均匀、光滑明亮、纹理清晰、色泽一致，且表面不应有裂纹、损伤等现象。

7）木地板板面的铺设方向应正确，条形木地板宜顺光方向铺设。

8）地板面层接缝应严密、平直、光滑、均匀，接头位置应错开，表面应洁净。拼花地板面层板面的排列及镶边宽度应符合设计要求，周边应一致。

9）踢脚板表面应光滑，高度及出墙厚度应一致；地板与踢脚板的交接应紧密，缝隙应顺直。

10）地板与墙面或地面突出物周围的套割应匹配，边缘应整齐。

实铺式木地面构造如图2-35所示。

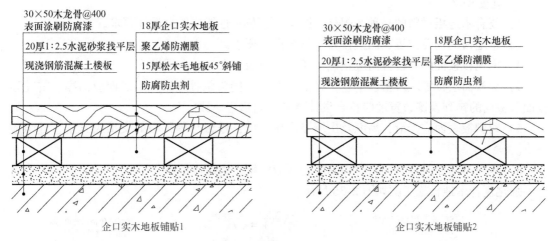

企口实木地板铺贴1　　　　　　　　企口实木地板铺贴2

图 2-35　实铺式木地面构造

2.5.3　复合木地板施工工艺

1. 工艺流程

基层处理→试铺→正式铺装→铺后处理。

2. 操作工艺

（1）**基层处理**　地板的基层要求具有一定强度。基层表面必须平整干燥，无凹坑、麻面、裂缝，要清洁干净，高低不平处应用聚合物水泥砂浆填嵌平整。低层地坪，要进行防水处理。门与地面的间隙应满足铺装要求（不足则略刨去门边）。

（2）**试铺（不涂建筑胶）**　试铺时先铺地板防潮垫。第一块板两边凹槽要面对两面墙，边与两面墙之间应留1.5cm空隙（可以在板与墙之间填1.5cm宽的木块），随后按设计要求榫槽相接铺第一行。第一行木块板在锯切时，要根据现场实际留下的尺寸，并考虑榫槽连接和离墙1.5cm两个因素来确定锯切尺寸。锯切时，如果另一截尺寸大于30cm，可用作下一行的首块。板的端头缝应错开30cm以上。试铺两行后，试铺完毕，拆开相接的榫槽准备正式铺装。

（3）**正式铺装**　正式铺装时，榫和槽之间用建筑胶把板与板粘连起来，最后整间地板将成为一个整体。涂建筑胶时不得漏涂。为使板缝相互贴紧，每块刚装上去的板都应以专用木块加以衬垫，用小铁锤轻敲，随手用湿布抹净挤出的建筑胶。通常根据需要如果要将地板局部锯掉，所锯尺寸要根据现场实际情况，考虑榫槽连接和离墙1.5cm两个因素。施工中，遇到柱脚、管道等，应在该处的地板开口，开口要与柱、管保持1cm的间隙。

（4）**铺后处理**　铺装完的地板，间隔24h且建筑胶完全干燥后，拔掉四周的木楔。地板与墙脚间有一圈1.5cm的空隙，绝不能用杂物填塞，应该用踢脚板遮盖。踢脚板应是固定在墙上而不是粘在地板上。地板某些部位的边口有暴露的（如在门口边），应该用专用压条保护边口，压条与边口之间也应留1.5cm的空隙。施工面积过大，如长度大于10m，应该用专用压条将地板分仓，同样也要使两边地板在压条下各有1.5cm的边口空隙。

3. 质量要求

1）复合木地板材料的品种、规格、图案、颜色和性能应符合设计要求。

2）木地板的铺贴位置、图案排布应符合设计要求。

3）木地板板面的铺设方向应正确，条形木地板宜顺光方向铺设。

4）地板面层接缝应严密、平直、光滑、均匀，接头位置应错开，表面应洁净。拼花地板面层板面的排列及镶边宽度应符合设计要求，周边应一致。

5）踢脚板表面应光滑，高度及出墙厚度应一致；地板与踢脚板的交接应紧密，缝隙应顺直。

6）地板与墙面或地面突出物周围的套割应匹配，边缘应整齐。

强化复合木地板施工图如图 2-36 所示。

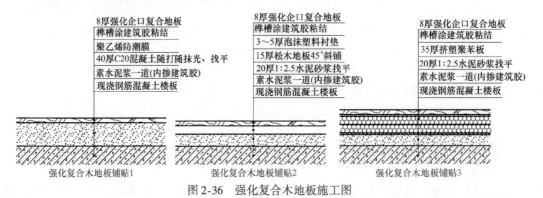

图 2-36 强化复合木地板施工图

随堂测试

单选题

1. 实木地板施工中钻孔安装预埋件，在地面上预埋直径 6mm 的 H 形紧固件或者钻孔，埋入膨胀螺栓或（　　）用来固定木龙骨。

A. 木楔　　　　　　B. 水泥钉　　　　　C. 膨胀螺栓　　　　D. 木头

2. 木饰面施工时，龙骨一般采用（　　）等烘干料，并预先经防腐处理。

A. 黑胡桃　　　　　B. 柚木　　　　　　C. 红白松　　　　　D. 杉木

3. 实铺木地板基层采用木龙骨，木龙骨的断面选择应根据设计要求（一般采用 30mm × 40mm 木龙骨），要经过防腐、防水、防火处理。木龙骨宜先从墙的一边开始逐步向对边铺设，铺设数根后应用水平尺找平，要严格控制标高、间距及平整度。木龙骨骨架双向间距不大于（　　）。

A. 200mm　　　　　B. 40mm　　　　　　C. 400mm　　　　　D. 800mm

4. 双层木地板的下层衬板称为（　　）。

A. 毛地板　　　　　B. 木工板　　　　　C. 水泥板　　　　　D. 饰面板

5. （　　）是室内造型设计时使用的重要材料，同时也是非常实用的功能性材料，一般用于顶棚、墙面装饰及家具制作等装饰工程的平面相接处、相交面、分界面、层次面、对接面的衔接、收边、造型等。同时，在室内起到色彩过渡和协调的作用，可利用角线将两个相邻面的颜色差别和谐地搭配起来。

A. 木板　　　　　　B. 木饰面　　　　　C. 木龙骨　　　　　D. 木质装饰线条

第三章 陶瓷装饰材料

陶瓷材料大多是氧化物、氮化物和碳化物等，这些材料是典型的电和热的绝缘体，且比金属和高分子材料更耐高温和腐蚀性环境。目前，市场上陶瓷的品牌、种类很多，不同种类的陶瓷特点不同，具体使用部位也有区别。现代装饰陶瓷产品总的发展趋势是：尺寸增大、精度提高、品种多样、色彩丰富、图案新颖、强度提高、收缩减少。施工对陶瓷产品的要求是便于铺贴、粘结牢固、不易脱落。部分陶瓷制品如图 3-1 所示。

装饰陶瓷墙
地砖

地面砖施工
工艺

图 3-1 部分陶瓷制品

现在市场上装饰用的陶瓷，按使用功能可分为地砖、墙砖、腰线砖等；按材质大致可分为釉面砖、通体砖（防滑砖）、抛光砖、玻化砖、抛釉砖、微晶石、抛金砖、背景砖和马赛克等几大类。

3.1 陶瓷的基础知识

3.1.1 陶瓷的概念

传统的陶瓷是指以黏土及天然矿物为原料，经过粉碎、混炼、成型、熔烧等工艺过程制得的各种制品，又称为"普通陶瓷"。广义的陶瓷是指用陶瓷生产方法制造的无机非金属固体材料及其制品。

陶瓷实际上是陶器和瓷器的总称，也称为烧土制品，如图 3-2 所示。陶瓷具有强度高、耐火、耐久、耐酸碱腐蚀、耐水、耐磨、易于清洗、生产简单的优点，故而用途极为广泛，应用于各个领域。

3.1.2 陶瓷的原材料

陶瓷所需原料可归纳为三大类，即具有可塑性的黏土类原料、具有非可塑性的石英类原料（瘠性原料）和熔剂原料。

图 3-2　陶罐和瓷罐

（1）黏土类原料　黏土是一种或多种呈疏松或胶状密实的含水铝硅酸盐类矿物的混合物，是多种微细矿物的混合体，主要由黏土矿物（含水铝硅酸盐类矿物）组成。此外，还含有石英、长石、碳酸盐、铁和钛的化合物等杂质。其化学成分主要是二氧化硅、三氧化二铝和水。黏土的颗粒组成是指黏土中含有不同大小颗粒的百分比含量。常见的黏土矿物有高岭石、蒙脱石、水云母及少量的水铝英石。根据杂质含量、耐火度，黏土可分为以下几种：

1）高岭土，是高纯度的黏土，可塑性较差，烧后颜色由灰色变为白色。

2）黏性土，是次生黏土，颗粒较细，可塑性好，含杂质较多。

3）瘠性黏土，较坚硬，遇水不松散，可塑性较差。

4）页岩，其性质与瘠性黏土相仿，但杂质较多，烧后呈灰、黄、棕、红等颜色。

5）易熔黏土，也称为砂质黏土，含有大量的细砂、有机物等杂质，烧后呈红色。

6）难熔黏土，也称为微晶高岭土和陶土，杂质含量较少，较纯净，烧后呈淡灰、淡黄、红等颜色。

7）耐火黏土，也称为耐火泥，杂质含量较少，耐火温度高达1580℃，烧后呈淡黄色、黄色。

在陶瓷制作的过程中，黏土本身具有可塑性，对瘠性原料可以起到黏结作用，从而使坯料能够良好地成型，同时使坯体在干燥过程中避免出现变形、开裂。黏土焙烧后能够形成莫来石，使陶瓷具有较高的强度、硬度，可耐急冷急热。

（2）瘠性原料　最常用的瘠性原料是石英和熟料（黏土在一定温度下焙烧至烧结或未完全烧结状态下经粉碎制成的材料）等。瘠性原料的作用是调整坯体成型阶段的可塑性，减少坯体的干燥收缩及变形，抵消坯体烧成过程中产生的收缩。

（3）熔剂原料　熔剂原料包括长石和硅灰石。长石在陶瓷生产过程中可降低陶瓷制品的烧成温度，它与石英等一起在高温熔化后形成的玻璃态物质是釉彩层的主要成分。硅灰石在陶瓷中使用较广，加入制品后能明显改善坯体的收缩程度、提高坯体的强度，并能降低烧结温度。此外，硅灰石还可使釉面不会因气体析出而产生釉泡和气孔。

3.1.3　陶瓷的分类

1）从产品的种类来说，陶瓷可分为陶和瓷两大部分。

① 陶的烧结程度较低，有一定的吸水率（大于10%），断面粗糙无光，不透明，敲击

声粗哑，既可施釉也可不施釉。

② 瓷的坯体较致密，烧结程度很高，基本不吸水（吸水率不超过 0.5%），有一定的半透明性，敲击声清脆。

③ 介于陶和瓷之间的一类产品称为炻，也称为半瓷或石胎瓷。炻与陶的区别在于陶的坯体多孔，而炻的坯体孔隙率却很低，吸水率较小（小于 10%），其坯体致密，基本达到了烧结程度。炻与瓷的区别主要是炻的坯体较致密，但仍有一定的吸水率，同时多数坯体带有灰、红等颜色，且不透明；但其热稳定性优于瓷，可采用质量较差的黏土烧成，成本较瓷要低。

2）瓷、陶和炻通常又按其细密性、均匀性各分为精、粗两类。

① 粗陶的主要原料为含杂质较多的陶土，烧成后带有颜色。建筑上常用的砖、瓦、陶管及日用缸器均属于这一类，其中大部分为一次烧成。

② 精陶是以可塑性好、杂质少的陶土、高岭土、长石、石英为原料，经素烧（温度为 1250～1280℃）、釉烧（温度为 1050～1150℃）两次烧成。其坯体呈白色或象牙色，多孔；吸水率为 10%～12%，最大可达 22%。精陶按用途不同可分为建筑精陶（釉面砖）、美术精陶和日用精陶。

③ 粗炻是炻中均匀性较差、较粗糙的一类，建筑装饰上所用的外墙面砖、地砖、锦砖都属于粗炻类，是用品质较好的黏土和部分瓷土烧制而成的，通常带色，烧结程度较高，吸水率较小（4%～8%）。

④ 细炻主要是指日用炻器和陈设品，由陶土和部分瓷土烧制而成，白色或带有其他颜色。宜兴紫砂陶即是一种不施釉的有色细炻器，一些建筑陶瓷砖也属于细炻。与粗炻砖相比，细炻砖吸水率更小（3%～6%），性能更加优良。

⑤ 细瓷主要用于日用器皿和电工用瓷或工业用瓷。

⑥ 建筑陶瓷中的玻化砖和陶瓷马赛克则属于粗瓷，吸水率极低（0.5% 以下），可认为不透水，其坯体由优质瓷土经深度烧结制成。表面既可施釉也可不施釉，表面不施釉的玻化砖经抛光仍可有极高的光亮度。

3）陶瓷制品还可分为普通陶瓷（传统陶瓷）和特种陶瓷（新型陶瓷）两大类。

① 普通陶瓷根据其用途不同可分为日用陶瓷、建筑卫生陶瓷、化工陶瓷、化学陶瓷、电工陶瓷及其他工业用陶瓷。

② 特种陶瓷可分为结构陶瓷和功能陶瓷两大类。

3.1.4　陶瓷制品的装饰

1. 釉的概念和作用

釉是覆盖在陶瓷制品表面的一层玻璃质薄层物质，它具备玻璃的特性，光泽、透明。釉使陶瓷制品具有不吸水、耐风化、易清洗、面层坚实等特点。釉的作用在于改善陶瓷制品的表面性能，提高制品的力学强度、电光性、化学稳定性和热稳定性。在釉下装饰中，釉层还可以保护画面，防止彩料中有毒元素溶出导致的釉着色、析晶、乳浊等。此外，釉还能增加产品的艺术性，掩盖坯体的不良颜色和某些缺陷。

2. 釉的性质

1）釉料能在坯体烧结温度下成熟，一般要求釉的成熟温度略低于坯体的烧成温度。

2）釉料要与坯体牢固地结合，其热膨胀系数稍小于坯体的热膨胀系数。

3）釉料经高温熔化后，应具有适当的黏度和表面张力。

4）釉层质地坚硬、耐磕碰、不易磨损。

3.2 建筑陶瓷产品常见种类

3.2.1 釉面砖

釉面砖是用耐火黏土或瓷土经低温烧制而成的，胚体表面加釉。釉面砖表面可以做各种图案和花纹，防滑性能较好。釉面砖制品如图3-3所示。

图 3-3　釉面砖制品

1. 釉面砖的种类

釉面砖的正面有釉，背面呈凹凸方格纹。由于釉料和生产工艺的不同，一般有白色釉面砖、彩色釉面砖、装饰釉面砖、印花釉面砖和瓷砖壁画等多种。

（1）白色釉面砖　该产品颜色纯白，釉面光亮，给人以整洁大方之感，便于清洁。

（2）彩色釉面砖　该产品釉面光亮晶莹，色彩丰富多样；或釉面半无光，色泽一致，色调柔和，无刺眼感。

（3）装饰釉面砖　该产品是在釉面砖上施以多种彩釉，经高温烧成。色、釉互相渗透，花纹千姿百态，装饰效果较好，有的具有天然大理石花纹，颜色丰富饱满，可与天然大理石相媲美。

（4）印花釉面砖　该产品是在釉面砖上装饰各种彩色图案，经高温烧成，纹样清晰，款式大方。有的产生浮雕、缎光、绒毛、彩漆等效果。印花釉面砖表面所施釉料品种很多，有彩色釉、光亮釉、珠光釉、结晶釉等。

（5）瓷砖壁画　该产品是以各种釉面砖拼成各种瓷砖画，或根据已有画稿烧成釉面砖后再拼成各种瓷砖画。产品巧妙地运用绘画技法和陶瓷装饰艺术，经过放样、制版、刻画、配釉、施釉、烧成等一系列工序，采用浸点、涂、喷、填等多种施釉技法和丰富多彩的窑变技术最终产生出独特的艺术效果。

另外，釉面砖根据原材料的不同又分为陶制釉面砖和瓷制釉面砖。其中，由陶土烧制而成的釉面砖吸水率较高，强度较低，背面为红色；由瓷土烧制而成的釉面砖吸水率较低，强度较高，背面为灰白色。现今，主要用于墙地面铺设的是瓷制釉面砖，因其具有质地紧密、美观耐用、易于保洁、孔隙率较小、膨胀不显著等特点。

2. 釉面砖的规格

釉面墙砖的规格一般为（长×宽×厚）200mm×200mm×5mm、200mm×300mm×5mm、250mm×300mm×6mm、300mm×450mm×6mm等。高档釉面墙砖还配有一定规格的腰线砖、踢脚板砖、顶脚线、花片砖等，均有色彩和装饰，但价格昂贵。釉面地砖的规格一般为（长×宽×厚）250mm×250mm×6mm、300mm×300mm×6mm、500mm×500mm×8mm、600mm×600mm×8mm、800mm×800mm×10mm等。

3. 釉面砖的应用

釉面砖的应用非常广泛，但不宜用于室外，因为室外的环境一般比较潮湿（我国南方地区），而此时釉面砖就会吸收水分产生湿胀，其湿胀应力大于釉层的抗拉强度时，釉层就会产生裂纹。所以，釉面砖主要用于室内的厨房、浴室、卫生间等的内墙面和地面，它可使室内空间具有独特的卫生、易清洗和装饰美观的效果。

3.2.2　抛光砖

抛光砖就是将通体砖（通体砖是表面不上釉的陶瓷砖，是一种正反两面的材质和色泽一致的耐磨砖）坯体的表面经过打磨，经抛光处理制成的一种高亮度砖，属于通体砖的一种。相对于通体砖而言，抛光砖的表面要光洁得多。抛光砖坚硬耐磨，适合在除洗手间、厨房以外的多数室内空间中使用。在运用渗花技术的基础上，抛光砖可以得到各种仿石、仿木的效果。抛光砖制品及应用如图3-4所示。

图 3-4　抛光砖制品及应用

抛光砖的常见规格为600mm×600mm×10mm、800mm×800mm×（10～12）mm；较小规格为500mm×500mm×8mm；大规格为600mm×1200mm×（10～15）mm、1000mm×1000mm×（12～18）mm；特大规格为1200mm×1200mm×20mm。

抛光砖的优点：

（1）无放射性　天然石材属矿物质，含有一些微量放射性元素，长期接触会对人体有害；抛光砖无放射性元素，不会对人体造成放射性伤害。

（2）基本无色差　天然石材由于成岩时间、岩层深度不同色差较大；抛光砖经精心调配，同批产品花色一致，基本无色差。

（3）强度高　天然石材由于自然形成，成材时间、风化情况等不尽相同，导致致密程度、强度不一；而抛光砖由液压机压制，再经1200℃以上高温烧结，强度高且均匀。

（4）相对轻巧　抛光砖砖体薄、重量轻；天然石材加工厚度较大，增加了楼层的荷载，而且运输、铺贴困难。

抛光砖的缺点：抛光砖有一个致命的缺点就是易脏，这是抛光砖在抛光时留下的凹凸气孔造成的。这些气孔会藏纳污垢，甚至是茶水倒在抛光砖上都极难清洗，所以一些质量好的抛光砖在出厂时都加了一层防污层。

3.2.3　玻化砖

玻化砖是一种强化的抛光砖，它采用高温烧制而成，质地比抛光砖更硬，也更耐磨。玻化砖由石英砂、黏土等按照一定比例烧制而成，然后经打磨光亮但不需要抛光，表面如玻璃镜面一样光滑透亮，是目前所有瓷砖中最硬的一种，其在吸水率、边直度、弯曲强度、耐酸碱等方面要优于普通釉面砖、抛光砖。玻化砖的应用如图3-5所示。

图3-5　玻化砖的应用

因为制造工艺的区别，玻化砖的致密程度要比一般地砖更高，其表面光洁但又不需要抛光，所以不存在抛光气孔的问题。玻化砖与抛光砖的主要区别就是吸水率（吸水率越低，玻化程度越好，产品的物理、化学性能越好），抛光砖吸水率低于0.5%时也属于玻化砖（高于0.5%就只能是抛光砖而不是玻化砖）。将玻化砖进行镜面抛光处理即得玻化抛光砖，因为吸水率低的缘故，其硬度也相对比较高，不容易有划痕。

1. 玻化砖的特点

1）色彩艳丽、柔和，没有明显的色差。

2）无有害元素。

3）砖体轻巧，可减少建筑物的荷载。

4）抗弯强度大。

5）性能稳定，耐腐蚀，不易污损。

2. 玻化砖的规格

玻化砖以地砖居多，规格较大，常用规格有600mm×600mm×8mm、800mm×800mm×10mm、900mm×900mm×10mm、1000mm×1000mm×12mm、1200mm×1200mm×12mm。

3. 玻化砖和釉面砖的区别

吸水率高于0.5%的就是釉面砖，低于0.5%的就是玻化砖。釉面砖瓷含量低，但表面喷了釉质，所以漂亮而且不易污损，主要用在厨房和卫生间的墙面、地面。玻化砖是全瓷砖，硬度高、耐磨，长久使用不容易出现表面破损，性能稳定，主要用于客厅地面及卫生间墙面。釉面砖在颜色效果方面比较多样化，防污防滑，但耐磨能力比玻化砖要差，长久使用后表面可能磨损较大。

3.2.4 仿古砖

仿古砖又称为古典砖、复古砖，是从彩釉砖演化而来的，实质上是上釉的瓷质砖。仿古砖属于普通瓷砖，材料性质基本相同，"仿古"指的是砖的效果，即有仿古效果的瓷砖。仿古砖的技术含量相对较高，先经液压机压制后，再经上千摄氏度的高温烧结，使其强度很高，具有极强的耐磨能力，经过精心研制的仿古砖兼具防水、防滑、耐腐蚀等特性。仿古砖仿造"怀旧"的样式做旧，用带着古典的独特韵味吸引着人们的目光，体现出岁月的沧桑、历史的厚重，通过样式、颜色、图案营造出怀旧的氛围。仿古砖制品及应用如图3-6所示。

图3-6 仿古砖制品及应用

3.2.5 劈离砖

劈离砖又称为劈裂砖，是一种用于内外墙面或地面装饰的建筑装饰瓷砖。劈离砖以软质黏土、页岩、耐火土和熟料为主要原料，再加入色料等，经配料、混合破碎、脱水、练泥、真空挤压成型、干燥、高温焙烧制成。劈离砖由于烧成后"一劈为二"，所以烧成阶段的坯体总表面积仅为成品坯体总表面积的一半，显著节约了窑内放置坯体的空间，提高了生产效率。劈离砖制品如图3-7所示。

图3-7 劈离砖制品

劈离砖按用途分为地砖、墙砖、踏步砖、角砖（异型砖）等类型。劈离砖用于地砖时，尺寸通常为 200mm × 200mm、240mm × 240mm、300mm × 300mm、200mm（270mm）×75mm，劈离后单块厚度为 14mm；劈离砖用于踏步砖时，尺寸通常为 115mm × 240mm、240mm × 52mm，劈离后单块厚度为 11mm 或 12mm。

劈离砖按表面的粗糙程度可分为光面砖和毛面砖两种，前者坯料中的颗粒较细，产品表面较光滑和细腻；而后者坯料中的颗粒较粗，产品表面有突出的颗粒和凹坑。劈离砖按表面形状可分为平面砖和异型砖等。

劈离砖具有质地密实、抗压强度高、吸水率小、耐酸碱、耐磨、耐压、防滑、性能稳定、抗冻等优点。劈离砖主要用于建筑的内外墙装饰，也适用做车站、机场、餐厅、楼堂馆所等室内地面的铺贴材料。劈离砖中的厚型砖多用于室外景观（如甬道、花园、广场等露天地面）的地面铺装材料。

3.2.6 仿天然石材墙地砖

仿天然石材墙地砖包括仿花岗石墙地砖和仿大理石墙地砖，这类材料效仿天然石材的肌理效果，其中仿大理石墙地砖的装饰效果更加美观大方，如图3-8所示。仿大理石墙地砖是一种全玻化、瓷质、无粒墙地砖，它具有天然大理石的质感和色调，可代替价格昂贵的天然大理石。仿天然石材墙地砖可用于会议室、宾馆、饭店、展览馆、图书馆、商场、舞厅、酒吧、车站、机场等的墙地面装饰。

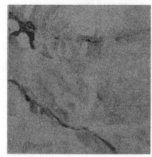

图3-8 仿天然石材墙地砖制品

3.2.7 金属光泽釉面砖

金属光泽釉面砖是一种表面呈现金、银等金属光泽的釉面砖，如图3-9所示。它采用了釉面砖表面热喷涂颜色工艺，这种工艺是在炽热的釉层表面喷涂有机或无机金属盐溶液，通过高温热解在釉表面形成一层金属氧化物薄膜。这层薄膜随所用金属盐溶液本身的颜色不同而产生不同的金属光泽。该釉面砖的规格同普通的陶瓷墙地砖。

金属光泽釉面砖是一种高级墙体饰面材料，可给人以清新绚丽、金碧辉煌的视觉效果，适用于宾馆、饭店以及酒吧、咖啡厅等场所的内墙饰面，其特有的金属光泽和镜面效果使人感受到浓郁的现代气息。

3.2.8 装饰木纹砖

装饰木纹砖是一种表面呈现木纹装饰图案的高档陶瓷砖新产品，其纹路十分逼真且容易保养，是一种亚光釉面砖，如图3-10所示。它以线条明快、图案清晰为特色，装饰木纹砖逼真效果很好，能惟妙惟肖地模仿木头的细微纹路。装饰木纹砖具有耐用、耐磨、不含甲醛、纹理自然、防水、易于清洗、阻燃、耐腐蚀等特点，同时使用寿命长，无须像木制产品

图 3-9 金属光泽釉面砖制品及应用

图 3-10 装饰木纹砖制品及应用

那样周期性地打蜡保养。装饰木纹砖既适用于餐厅、酒吧、专卖店等商业空间，也适用于客厅、阳台、厨房、起居室和洗手间等居室空间。

3.2.9 陶瓷马赛克

陶瓷马赛克又称为陶瓷锦砖，一般制成 $18.5mm \times 18.5mm \times 5mm$、$39mm \times 39mm \times 5mm$ 的各种颜色的小方块，或边长为 $25mm$ 的六角形块体等。陶瓷马赛克制品及应用如图 3-11 所示。

图 3-11 陶瓷马赛克制品及应用

1. 陶瓷马赛克的品种

1）陶瓷马赛克按表面质地可分为有釉马赛克、无釉马赛克和艺术马赛克。

2）陶瓷马赛克按形状可分为正方形陶瓷马赛克、长方形陶瓷马赛克、六角形陶瓷马赛克和菱形陶瓷马赛克等。

3）陶瓷马赛克按色泽可分为单色陶瓷马赛克和拼花陶瓷马赛克。

4）陶瓷马赛克按用途可分为内外墙马赛克、铺地马赛克、广场马赛克、梯阶马赛克和壁画马赛克。陶瓷马赛克的一些品种如图 3-12 所示。

图 3-12　陶瓷马赛克的一些品种

2. 陶瓷马赛克的规格

陶瓷马赛克是由各种不同规格的数块小瓷砖粘贴在牛皮纸上或粘在专用的尼龙丝网上拼成单联构成的，单块规格一般为 25mm×25mm、45mm×45mm、100mm×100mm 和 45mm×95mm；单联的规格一般有 285mm×285mm、300mm×300mm 或 318mm×318mm。

3. 陶瓷马赛克的特性

陶瓷马赛克具有抗冻性好、强度极限高、断裂模数高、热稳定性好、耐化学腐蚀、耐磨、抗冲击强度高、耐酸碱等特点。陶瓷马赛克是由数块小瓷砖组成单联的，因此拼贴成联的每块小砖的间距即每联的线路要求均匀一致，以达到令人满意的铺贴效果。

4. 陶瓷马赛克的用途

陶瓷马赛克色彩表现丰富、色泽美观稳定，单块元素小巧玲珑，可拼成风格各异的图案，如风景、动物、花草等，适用于喷泉、游泳池、酒吧、舞厅等的装饰。同时，由于防滑性能优良，也常用于家庭卫生间、浴池、阳台、餐厅、客厅的地面装修以及工业与民用建筑的工作车间、实验室、走廊、门庭的墙地面。

3.3 琉璃装饰制品

琉璃装饰制品是以难熔黏土为主要原料制成胚泥，成型后经干燥、素烧、施琉璃彩釉、釉烧等工序制成的，广泛应用于古典式建筑或具有民族风格建筑物的装饰，如图 3-13 所示。

（1）特点　由于特殊的烧制工艺，在琉璃装饰制品表面形成了釉层，在完善表面美观效果的同时，也提高了表面的强度和防水能力。琉璃装饰制品的特点有质地细密、表面光润、坚实耐用、色彩夺目、形制古朴、民族气息浓厚等，是我国特有的建筑艺术制品之一。

（2）用途　琉璃装饰制品由于造型复杂、制作工艺繁琐、成本造价较高，因而主要应用于体现我国传统建筑风格的建筑中和具有纪念意义的建筑中（如园林式建筑中的亭、台、楼、阁等），形成具有古代园林特色的建筑风格。

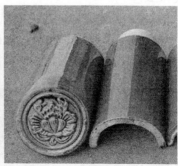

图 3-13　琉璃装饰制品

（3）种类　在古代建筑中，琉璃装饰制品分为琉璃瓦制品和琉璃园林制品两类。其中，琉璃瓦制品主要用于建筑的屋顶，起排水防漏、房屋构件、装饰点缀的作用；而琉璃园林制品多用于窗、栏杆等部件。在现代建筑中，琉璃装饰制品主要有仿古代建筑的琉璃瓦、琉璃兽以及琉璃花窗、琉璃栏杆等各种装饰部件，还有供陈设用的建筑工艺如琉璃桌、琉璃鱼缸、琉璃花盆、琉璃花瓶等。

3.4　陶瓷装饰材料施工工艺

3.4.1　室内陶瓷地砖施工工艺

1. 施工材料

1）陶瓷地砖。

2）强度等级 32.5 以上的普通硅酸盐水泥，粗砂、中砂，建筑胶。

2. 主要工具、材料

室内陶瓷地砖施工主要工具、材料如图 3-14 所示。

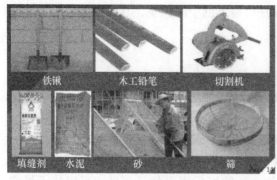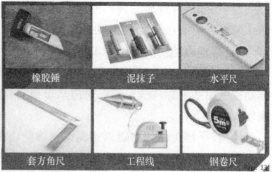

| 铁锹 | 木工铅笔 | 切割机 | 橡胶锤 | 泥抹子 | 水平尺 |
| 填缝剂 | 水泥 | 砂 | 筛 | 套方角尺 | 工程线 | 钢卷尺 |

图 3-14　室内陶瓷地砖施工主要工具、材料

3. 工艺流程

砖材浸水→基层处理→弹线定位→铺贴地砖→擦缝→养护。

4. 操作工艺

（1）砖材浸水　陶瓷地砖在铺贴前应在水中充分浸泡，以保证铺贴后不会因过快吸收粘结砂浆中的水分而影响粘贴质量。地砖浸水后阴干备用，阴干时间一般为3～5h，以地砖表面有潮湿感但手按无水迹为宜。砖材浸水如图3-15。

图3-15　砖材浸水

（2）基层处理　检查楼地面平整度，清理基层并冲洗干净，尤其要注意清理表面残留的砂浆、尘土、油渍等。基层处理如图3-16所示。

（3）弹线定位　根据设计要求确定地面标高线和平面位置线，可用尼龙线或棉线绳在墙面的标高点上拉出地面标高线以及垂直交叉的定位线。弹线时以房间中心点为原点，弹出相互重叠的定位线。施工时应注意：

图3-16　基层处理

1）应距墙边留出200～300mm间隙作为调整区间。

2）房间内外地砖品种不同时，其交接线应在门扇下的中间位置，且门口不应出现非整砖，非整砖应放在房间不显眼的位置。

3）有地漏的房间应注意坡度、坡向。

（4）铺贴地砖　施工时先找好位置和标高，从门口开始，纵向先铺2～3行砖，以此为标筋拉纵横水平标高线。铺贴时应从里面向外退着操作，人不得踏在刚铺好的砖面上。具体操作程序如下：

1）找平层上均匀涂刷素水泥浆，涂刷面积不要过大，铺多少砖就涂刷多大面积。

2）铺设结合层时一般采用配合比为1:3的干硬性水泥砂浆结合层，干硬性程度以手捏成团落地即散为宜，结合层厚度约为30mm。结合层铺好后用大杠尺刮平，再用抹子拍实找平。

3）铺贴时，砖的背面朝上抹素水泥浆，铺砌到已刷好的水泥浆找平层上；找正、找直、找方后，用橡胶锤将砖拍实，做到砂浆饱满、相接紧密、结实。

4）拨缝、修整。铺贴过程中应随时拉线检查缝格的平直度，如超出规定应立即修整，将缝拨直并用橡胶锤拍实。此项工作应在结合层凝结之前完成。

铺贴地砖如图 3-17 所示。

图 3-17　铺贴地砖

（5）擦缝　面层铺贴完后应在 24h 后进行擦缝工作，擦缝应采用同品种、同强度等级、同颜色的水泥，或是专用嵌缝材料。

（6）养护　铺完砖 24h 后洒水养护，养护时间不应少于 7d。

5. 成品保护

1）在铺贴板块的操作过程中，对已安装好的门框、管道都要加以保护，如给门框钉装保护层、运灰车采用窄车等。

2）切割地砖时，不得在刚铺贴好的砖面层上操作。

3）铺贴完后，铺贴砂浆的抗压强度达 12MPa 时，方可上人进行操作，但必须注意油漆、砂浆不得存放在板块上，铁管等硬质物品不得碰坏砖面层。喷浆时要对面层进行覆盖保护。

6. 质量要求

1）块材的排列应符合设计要求，门口处宜采用整块。非整块的宽度不宜小于整块的 1/3。

2）块材地面材料的品种、规格、图案、颜色和性能应符合设计要求。

3）块材地面工程的找平、防水、粘结和勾缝等材料应符合设计要求和国家现行有关产品标准的规定。

4）块材地面铺贴的位置、整体布局、排布形式、拼花图案应符合设计要求。

5）块材地面面层与基层应结合牢固、无空鼓。

6）块材地面面层表面应平整、洁净、色泽基本一致，无裂纹、划痕、磨痕、掉角、缺棱等缺陷。

7）块材地面的边角应整齐，接缝应平直、光滑、均匀，纵横交接处应无明显错台、错位，填嵌应连续、密实。

8）块材地面与墙面或地面突出物周围的套割应匹配，边缘应整齐。块材地面与踢脚板的交接应紧密，缝隙应顺直。

9）踢脚板固定应牢固，高度、出墙厚度应保持一致，上口应平直；地面与踢脚板的交接应紧密，缝隙应顺直。

7. 常见问题及原因

（1）空鼓　基层清理不干净、洒水湿润不均、砖未浸水、水泥浆结合层涂刷面积过大导致风干后起隔离作用、上人过早影响粘结层强度等都是导致空鼓的原因。

（2）板块表面不洁净　主要是因为做完面层之后成品保护不够，如油漆桶放在地砖上、在地砖上拌和砂浆、刷浆时不覆盖等，从而造成污染。

（3）有地漏的房间倒坡　原因是做找平层砂浆时，没有按设计要求的泛水坡度进行弹线找坡。必须在找标高、弹线时找好坡度，抹灰饼和标筋时要抹出泛水。

（4）地面铺贴不平、出现高低差　原因是对地砖未进行预先挑选，砖的厚度不一致造成高低差，或铺贴时未严格按水平标高线进行控制。

（5）地面标高错误　此问题多出现在厕浴间，原因是防水层过厚或结合层过厚。

（6）厕浴间泛水过小或局部倒坡　原因是地漏安装过高或500mm线不准。

室内陶瓷地砖铺贴构造如图3-18所示。

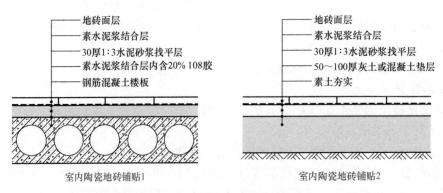

图3-18　室内陶瓷地砖铺贴构造

3.4.2　室内陶瓷墙面砖施工工艺

1. 工艺流程

基层处理→抹底层砂浆→弹线→排砖→贴标准点→垫底尺→选砖、浸泡→镶贴面砖→面砖擦缝。

2. 操作工艺

（1）基体为混凝土墙面时的操作工艺。

1）基层处理。将突出墙面的混凝土剔平，对采用大型钢模板施工的混凝土墙面应凿毛，并用钢丝刷满刷一遍，再浇水湿润。如果基层混凝土表面很光滑，也可采取毛化处理办法。

2）抹底层砂浆。先刷一道水泥素浆（掺水重10%的建筑胶），紧跟着分层抹底层砂浆（常温时采用配合比为1:3的水泥砂浆），每一层厚度宜为5mm，抹完后用木抹子搓平，隔天浇水养护。待第一层水泥砂浆六七成干时，即可抹第二层，厚度为8~12mm，随即用木杠刮平，用木抹子搓毛，隔天浇水养护。若需要抹第三层，其操作方法同第二层，直到把底层砂浆抹平为止。

3）弹线。待底层灰六七成干时，按图纸要求，根据陶瓷面砖的规格并结合实际条件进行分段分格弹线。

4）排砖。根据大样图及墙面尺寸进行横、竖向排砖，以保证面砖缝隙均匀。注意大墙面和柱子要排整砖，在同一墙面上的横、竖排列均不得有小于1/3砖的非整砖。非整砖应排在次要部位，如窗间墙或阴角处等，应注意一致和对称。如遇有突出的卡件，应用整砖套割匹配，不得用非整砖随意拼凑镶贴。

5）贴标准点。用废砖贴标准点，用做灰饼的混合砂浆将废砖贴在墙面上，用以控制贴砖的表面平整度。

6）垫底尺。准确计算最下皮砖的下口标高，底尺的上皮一般比地面低10mm左右，以此为依据垫好底尺，要求水平、稳固。

7）选砖、浸泡。面砖镶贴前，应挑选颜色、规格一致的砖。浸泡砖时，将面砖清扫干净，放入净水中浸泡2h以上，取出待表面晾干或擦净余水后方可使用。

8）镶贴面砖。镶贴应自下而上进行，从最下一层砖下端的位置线先稳好靠尺，以此托住第一端面。在面砖外皮上口拉水平通线作为镶贴的标准。宜采用1:2水泥砂浆进行镶贴，砂浆厚度为6~10mm。镶贴完后用灰铲柄轻轻敲打，使之附线，用木杠通过标准点调整水平度和垂直度。

9）面砖擦缝。面砖镶贴完经检查无空鼓且尺寸满足设计要求后，用棉布擦干净，再用勾缝胶、白水泥擦缝。最后用棉布将擦缝处的素浆擦匀，将砖面擦净。

（2）基体为砖墙面时的操作工艺。

1）基层处理。抹灰前，墙面必须清扫干净，浇水湿润。

2）抹底层砂浆。用12mm厚的1:3水泥砂浆打底，打底要分层涂抹，每层厚度以5~7mm为宜，随即抹平搓毛。

3）弹线。待底层灰六七成干时，按图纸要求，根据陶瓷面砖的规格并结合实际条件进行弹线。

4）排砖。根据大样图及墙面尺寸进行横、竖向排砖，以保证面砖缝隙均匀。注意大墙面和柱子要排整砖，在同一墙面上的横、竖排列均不得有小于1/4砖的非整砖。非整砖应排在次要部位，如窗间墙或阴角处等，应注意一致和对称。如遇有突出的卡件，应用整砖套割匹配，不得用非整砖随意拼凑镶贴。

5）贴标准点。用废砖贴标准点，用做灰饼的混合砂浆将废砖贴在墙面上，用以控制贴砖的表面平整度。

6）垫底尺。准确计算最下皮砖的下口标高，底尺的上皮一般比地面低10mm左右，以此为依据垫好底尺，要求水平、稳固。

7）选砖、浸泡。面砖镶贴前，应挑选颜色、规格一致的砖。浸泡砖时，将面砖清扫干净，放入净水中浸泡2h以上，取出待表面晾干或擦净余水后方可使用。

8）镶贴面砖。镶贴应自下而上进行，先抹8mm厚、配合比为1:0.1:2.5的水泥石灰膏砂浆结合层，要涂抹平整；随抹随自下而上镶贴面砖，要求砂浆饱满。亏灰时要取下重贴，并随时用靠尺检查平整度，同时保证缝隙宽度一致。

9）面砖擦缝。面砖镶贴完经检查无空鼓且尺寸满足设计要求后，用棉布擦干净，再用勾缝胶、白水泥擦缝。最后用棉布将擦缝处的素浆擦匀，将砖面擦净。

室内陶瓷墙面砖施工示意如图3-19所示。

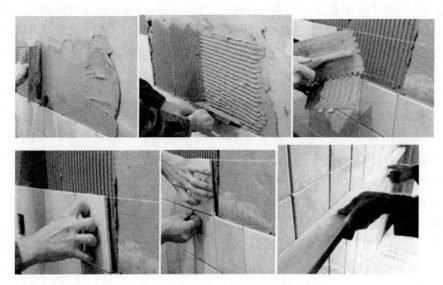

图 3-19　室内陶瓷墙面砖施工示意

3. 质量要求

1) 陶瓷墙面砖的品种、规格、图案、颜色和性能应符合设计要求及国家现行标准的有关规定。

2) 陶瓷墙面砖镶贴用的找平、防水、粘结和填缝等材料及施工方法应符合设计要求及国家现行标准的有关规定。

3) 陶瓷墙面砖镶贴应牢固。

4) 满粘法施工的陶瓷墙面砖应无裂缝，大面和阳角应无空鼓。

5) 陶瓷墙面砖表面应平整、洁净、色泽一致，应无裂痕和缺损。

6) 内墙面突出物周围的陶瓷墙面砖应整砖套割匹配，边缘应整齐。墙裙、贴脸等处突出墙面的厚度应一致。

7) 陶瓷墙面砖的接缝应平直、光滑，填嵌应连续、密实；宽度和深度应符合设计要求。

4. 成品保护

1) 要及时清除残留在门框上的砂浆，特别是铝合金等门窗宜粘贴保护膜，预防污染、锈蚀，施工人员应加以保护，不得碰坏。

2) 认真执行合理的施工顺序，少数工种（水、电、通风、设备安装等）的工作应做在前面，防止损坏面砖。

3) 涂刷油漆时，不得将油漆喷滴在已完工的陶瓷墙面砖上。如果面砖上部为涂料，宜先施工涂料，然后贴面砖，以免污染墙面；当需先做面砖时，完工后必须采取贴纸或塑料薄膜等措施，防止污染砖面。

4) 各抹灰层在凝结前应防止风干、水冲和振动，以保证各层有足够的强度。

5) 搬、拆脚手架时注意不要碰撞墙面。

6) 装饰材料和饰件、饰面等的构件，在运输、保管和操作过程中必须采取措施防止损坏。

室内陶瓷墙面砖铺贴构造如图 3-20 所示。

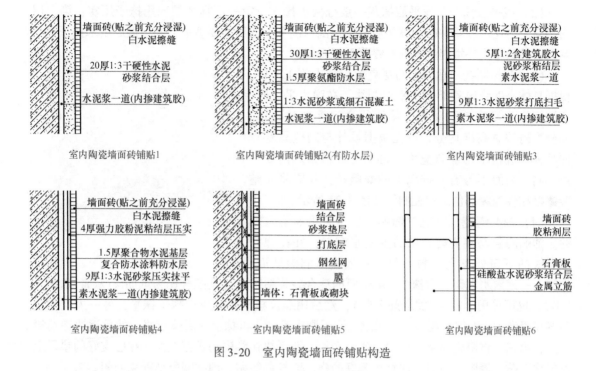

室内陶瓷墙面砖铺贴1

室内陶瓷墙面砖铺贴2(有防水层)

室内陶瓷墙面砖铺贴3

室内陶瓷墙面砖铺贴4

室内陶瓷墙面砖铺贴5

室内陶瓷墙面砖铺贴6

图 3-20　室内陶瓷墙面砖铺贴构造

3.4.3　墙面陶瓷马赛克施工

墙面粘贴陶瓷马赛克的排砖、分格必须按照施工图纸上的横、竖装饰线进行，竖向分格缝要求在窗台及留口边都为整张排列，窗洞、窗台、挑檐、腰线等凹凸部分都要进行全面排列。分格出来的横缝应与窗台、门窗相平。

1. 工艺流程

陶瓷马赛克的镶贴方法有三种：硬贴法、软贴法和干灰撒缝湿润法。

1）陶瓷马赛克硬贴法的工艺流程为：基层处理→找平层抹灰→墙面刮浆→铺贴陶瓷马赛克→拍板赶缝→撕纸→擦缝。

2）陶瓷马赛克软贴法的工艺流程为：基层处理→找平层抹灰→弹控制线→铺贴陶瓷马赛克→拍板赶缝→撕纸→擦缝。

3）陶瓷马赛克干灰撒缝湿润法的工艺流程为：铺贴时，在陶瓷马赛克纸的背面撒 1:1 细砂水泥干灰充盈拼缝，然后用灰刀刮平，并洒水使缝内干灰湿润成水泥砂浆，再按软贴法其余流程铺贴于墙面。

2. 操作工艺

下面以陶瓷马赛克软贴法为例讲解墙面陶瓷马赛克施工的操作工艺。

(1) 基层处理　基层为混凝土表面时，若基层表面很光滑，应进行凿毛处理。操作时先将表面污垢清理干净，浇水湿润，然后将细水泥砂浆喷撒或用毛刷将砂浆甩到光滑基面上，甩点要均匀。砂浆终凝后再浇水养护，直到水泥砂浆疙瘩有较高的硬度，用手掰不动为止。基层为砌体表面时，应提前一天浇水湿润，将表面的灰尘、污物、油渍等清理干净，还可根据实际需要满涂一层防水涂料。

（2）找平层抹灰　找平层抹灰一般分两次操作，第一层抹薄层，用抹子压实；第二层用相同配合比的砂浆按标筋抹平后再用短刮杠刮平，低凹处要填平补齐；最后用木抹子搓出麻面，然后根据环境温度情况在终凝后浇水养护。

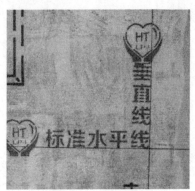

图 3-21　弹控制线

（3）弹控制线　贴陶瓷马赛克前应放出施工大样，根据具体高度弹出若干条水平控制线。在弹水平线时，应计算陶瓷马赛克的块数，使两线之间保持整砖数。如分格需按总高度均分，可先根据设计与陶瓷马赛克的品种、规格定出缝隙宽度，再加工分格条。但要注意，同一墙面不得有一排以上的非整砖，并应将非整砖镶贴在较隐蔽部位。弹控制线如图 3-21 所示。

（4）铺贴陶瓷马赛克　铺贴一般是自下而上进行的。铺贴陶瓷马赛克时，墙面要浇水润湿，并在弹好水平线的下口处支上一根垫尺。一人浇水润湿墙面，先刷上一道素水泥浆，再抹 2~3mm 厚的混合砂浆粘结层（其配合比为纸筋:石灰膏:水泥 = 1:1:2，也可采用 1:1:3 水泥纸筋砂浆），然后用靠尺板刮平，再用抹子抹平；另一人向陶瓷马赛克里灌入 1:1 细水泥砂浆，用软毛刷子刷净毛面，再抹上一层薄灰浆，然后逐块递给第三人；第三人将陶瓷马赛克四边的砂浆刮掉，两手执住陶瓷马赛克上面，在已支好的垫尺上由下往上贴，缝隙要对齐，注意按弹好的横、竖控制线贴。铺贴陶瓷马赛克如图 3-22 所示。

图 3-22　铺贴陶瓷马赛克

（5）拍板赶缝　刮上水泥浆以后必须立即铺贴陶瓷马赛克，否则纸浸湿了就会脱胶掉粒或发生撕裂。由于水泥浆未凝结前具有流动性，陶瓷马赛克贴上墙面后在自身重量的作用下会有少许下坠；又由于工人操作的误差，联与联之间的横、竖缝隙易出现误差，故铺贴之后应及时用木拍板满敲赶缝，进行调整。拍板赶缝如图 3-23 所示。

（6）撕纸　陶瓷马赛克是用易溶于水的胶粘在纸上的，湿水后胶便溶于水而失去粘结作用，很容易将纸撕掉。但撕纸时要注意力的作用方向，用力方向若与墙面垂直则很容易将单粒陶瓷马赛克拉掉。撕纸如图 3-24 所示。

（7）擦缝　粘贴后 48h 可以擦缝，先用抹子把近似陶瓷马赛克颜色的擦缝水泥浆摊放在需擦缝的陶瓷马赛克上，然后用刮板将水泥浆往缝隙里刮满、刮实、刮严，再用麻丝和擦布将表面擦净。如需清洗饰面，应待擦缝材料硬化后方可进行。

图 3-23　拍板赶缝

图 3-24　撕纸

3. 质量要求

1）陶瓷马赛克的品种、规格、图案、颜色和性能应符合设计要求及国家现行标准的有关规定。

2）陶瓷马赛克粘贴用的找平、防水、粘结和填缝等材料及施工方法应符合设计要求及国家现行标准的有关规定。

3）陶瓷马赛克粘贴应牢固。

4）满粘法施工的陶瓷马赛克应无裂缝，大面和阳角应无空鼓。

5）陶瓷马赛克表面应平整、洁净、色泽一致，应无裂痕和缺损。

6）内墙面突出物周围的陶瓷马赛克应整砖套割匹配，边缘应整齐。墙裙、贴脸等处突出墙面的厚度应一致。

7）陶瓷马赛克的接缝应平直、光滑，填嵌应连续、密实；宽度和深度应符合设计要求。

4. 成品保护

1）铺贴好陶瓷马赛克的墙面，应有切实可靠的防止污染的措施。同时，要及时擦干净残留在门窗框（扇）上的砂浆，特别是铝合金等门窗框（扇）应预先粘贴好保护膜，预防污染。

2）每层抹灰层在凝结前应防止风干、暴晒、水冲、撞击和振动。

3）少数工种的各种施工作业应做在陶瓷马赛克铺贴之前，防止损坏面砖。

4）拆除脚手架时注意不要碰撞墙面。

5）合理安排工艺流程，避免相互间的污染。

5. 常见问题及原因

（1）空鼓　基层清洗不干净；抹底灰时基层没有保持湿润；砖块铺贴时没有用毛刷蘸水擦净表面灰尘；铺贴时，底灰面层没有保持湿润，粘贴用水泥浆不饱满、不均匀；砖块贴上墙面后没有用铁抹子拍实或拍打不均匀；基层表面偏差较大，基层施工或处理不当；砂浆配合比不准，稠度控制不好，砂的泥含量过大；在同一施工面上采用几种不同配合比的砂浆，产生不同的干缩造成空鼓。施工时应严格按照工艺标准操作，重视基层处理和自检工作，发现空鼓的应随即返工重贴。

（2）墙面不干净　撕纸后没有及时将残留的纸毛、水泥浆清干净；擦缝后没有将残留在砖面的白水泥浆彻底擦干净。

（3）缝歪斜、块粒凹凸不平　砖块规格不一，又没有挑选分类使用；铺贴时控制又不严格，没有对好缝，撕纸后没有调缝；底灰不够平整，粘贴水泥浆的厚度不均匀，砖块贴上墙面后没有用铁抹子均匀拍实。

（4）墙面不平整　施工前没有认真按图样尺寸去核对结构施工的实际情况，施工时对基层处理又不够认真；贴灰饼的控制点很少，造成墙面不平整；弹线、排砖不仔细；每张陶瓷马赛克的规格不一致，施工中选砖不仔细、操作不当等。

（5）阴（阳）角不方正　主要是由于打底灰时不按设计要求吊直、套方、找规矩所致。

墙面陶瓷马赛克铺贴构造如图3-25所示。

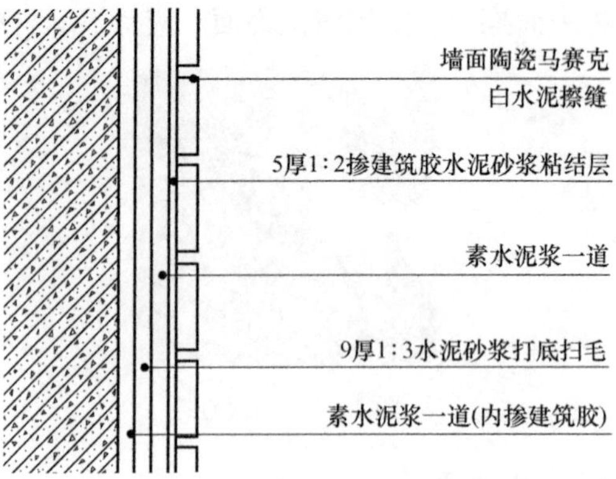

图3-25　墙面陶瓷马赛克铺贴构造

（标注说明：墙面陶瓷马赛克、白水泥擦缝、5厚1:2掺建筑胶水泥砂浆粘结层、素水泥浆一道、9厚1:3水泥砂浆打底扫毛、素水泥浆一道（内掺建筑胶））

随堂测试

1. 填空题

（1）（　　　）是指将通体砖胚体表面经过打磨制成的一种高亮度砖。

（2）抛光砖的常见规格有（　　　　　　　　　　　）。

（3）（　　　）是一种强化的抛光砖，采用高温烧制而成。

（4）（　　　）是一种用于内外墙面或地面装饰的建筑装饰瓷砖。它以软质黏土、页岩、耐火土和熟料为主要原料，再加入色料等，经过配料、混合、破碎、脱水、练泥、真空挤压成型、干燥、高温焙烧制成。

（5）（　　　）是一种釉面装饰砖，表面亚光或者无光釉，产品不磨边，装饰效果复古朴实。

（6）（　　　）采用了釉面砖表面热喷涂颜色工艺，砖面呈现金、银等金属光泽。

（7）（　　　）是一种表面呈现木纹装饰图案的高档陶瓷砖新产品，其纹路十分逼真且容易保养，是一种亚光釉面砖。

2. 绘制下列装修构造图

某砖墙用砂浆贴瓷砖，底层用15mm厚1:3水泥砂浆找平，中层用8mm厚1:0.2:2.5混合砂浆作为粘结层，面层为200mm×300mm的瓷砖，瓷砖贴完后用白水泥浆填缝。请绘出此砖墙做法的构造图（标注材料和尺寸）。

3. 案例分析题

某住宅小区，冬期施工，砖混结构，统一装修。其厨房、卫生间墙面采用彩色釉面砖。墙砖粘贴3个月后，经检查发现，约有30%的墙砖釉面开裂，还有部分的墙砖有空鼓、脱落现象。经测定，单块砖边角空鼓的数量大约为总铺装数量的15%。同时发现房间地坪质量不合格，部分房间楼板有裂缝，大多数房间起砂。

问题：

（1）墙砖釉面开裂的主要原因有哪些？

（2）墙砖空鼓、脱落的主要原因有哪些？

第四章　玻璃装饰材料

现代装饰材料用玻璃是以石英砂、纯碱、长石和石灰石等为主要原料，经熔融、成型、冷却固化制成的，是一种非结晶无机材料。它具有一般装饰材料难有的透明性，具有优良的力学性能和热工性质。随着现代建筑、装饰发展的需要，玻璃不断向多功能方向发展。玻璃的深加工制品具有控制光

新型玻璃　　装饰玻璃

线、调节温度、防噪声、防火防盗和提高建筑艺术装饰水平等功能。玻璃已不再只是采光材料，而是现代建筑的一种结构材料和装饰材料。

4.1　玻璃的基础知识

4.1.1　主要化学成分、原料及用途

（1）主要化学成分　玻璃的主要化学成分有二氧化硅、氧化钙、氧化钠以及少量的氧化镁和氧化铝等。这些氧化物可以改善玻璃的性能并由此满足不同的需求。

（2）主要原料　玻璃的主要原料有纯碱、石灰石、石英砂、长石等。制作玻璃时，先将原料进行粉碎，按设计配合比混合，经 1500 ~ 1600℃ 高温熔融成型，再经急冷制成。

（3）特点　玻璃具有良好的物理、化学性能和技术特性，有较高的结构强度和硬度，化学稳定性、热稳定性、透光性均较好。

（4）用途　玻璃的用途较为广泛，涉及交通运输、建筑工程、机电、仪表、化工、国防以及人们日常生活的各个领域。

4.1.2　分类

玻璃按照性能特点可以分为平板玻璃、装饰玻璃、安全玻璃和节能玻璃等；按照生产工艺可以分为普通平板玻璃、浮法玻璃、磨砂玻璃、喷砂玻璃、冰花玻璃、彩色玻璃、镜面玻璃、热熔玻璃、压花玻璃、镭射玻璃、钢化玻璃、热弯玻璃、夹丝玻璃、夹层玻璃、防弹玻璃、中空玻璃、热反射玻璃、低辐射玻璃和变色玻璃等。

4.2　平板玻璃

1. 性质

平板玻璃是指没有经过特殊加工的平板状玻璃，也称为白片玻璃或净片玻璃。平板玻璃具有良好的透视性，对太阳中的近红外线的透过率较高，但对可见光射至室内墙面、地面、家具和织物等表面反射产生的远红外线能有效阻挡，故可产生明显的"暖房效应"。无色透明平板玻璃对太阳光中紫外线的透过率较低。平板玻璃具有隔声和一定的保温性能，其抗拉

强度远小于抗压强度，是典型的脆性材料。平板玻璃具有较高的化学稳定性，通常情况下对酸、碱、盐等化学试剂及相关气体有较强的抵抗能力。但若长期遭受侵蚀介质的作用也能导致破坏和质变，如玻璃的风化和发霉都会导致外观的破坏和透光能力的降低。平板玻璃热稳性较差，急冷急热时易发生爆裂。平板玻璃制品如图4-1所示。

2. 用途

平板玻璃广泛应用于建筑物的门窗、墙面、室内装饰等，不同厚度有着不同的用途：

（1）3~4mm厚玻璃　主要用于画框表面。

（2）5~6mm厚玻璃　主要用于外墙窗户、门扇等小面积的透光造型。

（3）7~8mm厚玻璃　主要用于室内屏风等面积较大又有框架保护的造型。

（4）9~10mm厚玻璃　可用于室内大面积隔断、栏杆等装修项目。

（5）11~14mm厚玻璃　可用于地弹簧玻璃门和一些活动人流较大的隔断。

（6）15mm厚以上　一般市面上销售较少，往往需要订货，主要用于较大面积的地弹簧玻璃门和外墙整块玻璃。

图4-1　平板玻璃制品

3. 分类

1）按照生产工艺的不同，平板玻璃可以分为普通平板玻璃和浮法玻璃两种。

普通平板玻璃是用石英砂、岩粉、纯碱、芒硝等原料，按一定比例配制，经熔窑高温熔融制成的。

2）浮法玻璃的生产过程是在充入保护气体的锡槽中完成的，熔融玻璃液从池窑中连续流入并漂浮在密度相对比较大的锡液表面，在重力和表面张力的作用下，玻璃液在锡液表面上铺开、摊平，形成上下平整、硬化的表面。浮法玻璃比普通平板玻璃具有更好的性能，表面更平滑，透视性更好，厚度更均匀。浮法玻璃是普通平板玻璃的升级产品。

4.3　装饰玻璃

4.3.1　磨砂玻璃（喷砂玻璃）

磨砂玻璃又被称为毛玻璃，它是将平板玻璃的一面或者两面用金刚砂、石英砂等磨料经机械或人工研磨或者用氢氟酸溶蚀等方法处理成均匀毛面，厚度一般为5mm和6mm。磨砂玻璃具有透光不透视的特性，射入的光线经过磨砂玻璃后会变得柔和、不刺眼，如图4-2所示。磨砂玻璃主要应用在要求透光而不透视、隐秘不受干扰的空间，如厕所、浴室、办公室、会议室等空间的门窗；同时，还可以作为各种空间的隔断材料，可以起到隔断视线、柔和光环境的作用。也可用于要求分隔区域而又要求通透的地方，如玄关、屏风等。

市场上还有一种外观上类似磨砂玻璃的喷砂玻璃品种，它是利用压缩空气将细砂喷至平板玻璃表面进行研磨制成的。喷砂玻璃在外观和性能上与磨砂玻璃极其相似，不同的是改磨砂为喷砂。喷砂玻璃包括喷花玻璃和砂雕玻璃，有的用自动喷砂机在玻璃上加工图案（喷花玻璃），有的用雕刻机配合自动喷砂机在玻璃上制作艺术作品（砂雕玻璃），还有的玻璃表面经过腐蚀形成半透明的雾面效果。

图 4-2　磨砂（喷砂）玻璃制品

4.3.2　冰花玻璃

在喷砂玻璃的基础上还可以加工出一种裂纹玻璃，又叫作冰花玻璃，如图 4-3 所示。冰花玻璃是将具有很强附着力的胶液均匀地涂在喷砂玻璃表面，因为胶液在干燥过程中会造成体积的强烈收缩，而胶体与玻璃表面又具有良好的黏结性，这样就使得玻璃表面发生不规则撕裂现象，也就制成了冰花玻璃。

冰花玻璃对光线有漫反射，作为门窗玻璃透光性较好，且有一定的阻挡视线的作用。其基本原料虽然是普通平板玻璃，但是颜色多样，装饰效果比压花玻璃更好，给人以清新的感觉，主要用于门窗、隔断、屏风等。

图 4-3　冰花玻璃细节

4.3.3　彩色玻璃

彩色玻璃也是一种常见的装饰玻璃品种，根据透明度可以分为透明彩色玻璃、半透明彩色玻璃和不透明彩色玻璃。彩色玻璃的应用如图 4-4 所示。

（1）透明彩色玻璃　透明彩色玻璃是在玻璃原料中加入着色氧化剂使玻璃具有各种各样的颜色，常用的着色氧化剂有：过氧化锰，黑色；钴，深蓝色；镉，绿色；锡，红色；氧化锡、磷酸钠，乳白色；二氧化锰，玫瑰色；硫化镉，黄色。

透明彩色玻璃的色彩较为丰富，具有耐腐蚀、抗冲刷、不褪色、易清洗等特点。透明彩色玻璃有着很好的装饰性，尤其是在光线的照射下会形成五彩缤纷的投影，造成一种神秘、梦幻的效果，常用于一些对光线有特殊要求的隔断墙、门窗等部位。

图 4-4　彩色玻璃的应用

（2）半透明彩色玻璃　半透明彩色玻璃又称为乳浊玻璃，是在玻璃原料中加入乳浊剂，具有透光不透视的特性，在它的基础上还可以加工出钢化玻璃、夹层玻璃、夹丝玻璃、压花玻璃等多种品种，它们同样有着非常不错的装饰性。

（3）不透明彩色玻璃　不透明彩色玻璃是在平板玻璃的基础上经过喷涂彩色釉或者高分子有色涂料制成的，有时也被称为喷漆玻璃、釉面玻璃（图 4-5）。采用平板玻璃作为原片，经过清洗，表面施釉，再在焙烧炉中加热到彩釉的熔融温度，使釉层与玻璃牢固结合，再经退火或钢化等不同的热处理工艺就制成了色泽美丽的不透明彩色玻璃。不透明彩色玻璃颜色丰富，同时又具有玻璃独有的细腻感和晶莹感，在此基础上制成的不透明彩色钢化玻璃更是兼具安全性和装饰性。不透明彩色玻璃目前在居室的装饰墙面和商店的形象墙上都有广泛应用。

图 4-5　釉面玻璃的应用

4.3.4　镜面玻璃

镜面玻璃即镜子，也叫涂层玻璃或镀膜玻璃，是指玻璃表面通过化学（银镜反应）或物理（真空铝）等方法形成反射率极强的镜面反射的玻璃制品。银镜反应是以金、银、铜、铁、锡、钛、锰等有机或无机化合物为原料，采用喷射、溅射、真空沉积等方法，在平板玻璃的表面形成氧化物涂层，使玻璃正面形成全反射。之后发展起来的真空铝工艺是利用真空镀膜技术在平板玻璃的表面蒸发附着一层均匀致密的铝膜，节省了大量的银，降低了生产成本，为现代工艺所大量采用。

镜面玻璃在起到反射光线、扩展人的视野的同时，还在室内装饰中起到了增加空间感和距离感或改变光照的作用，还可反映建筑物周围景色的变化，是扩大或改变室内空间感的常用手法。为提高装饰效果，在镀膜之前可对原片玻璃进行彩绘、磨刻、喷砂、化学蚀刻等加工，形成具有各种花纹图案或精美字画的镜面玻璃。

镜面玻璃的涂层色彩有多种，常用的有金色、银色、灰色、古铜色等。若选用彩色平板玻璃进行镀膜，也可以制成各种具有色彩的镜面，并可进一步制作成各种色彩丰富的镜片装饰品，如图4-6所示。

图4-6 镜面玻璃的应用

4.3.5 玻璃砖

玻璃砖又被称为特厚玻璃，分为实心玻璃砖和空心玻璃砖。

（1）实心玻璃砖 实心玻璃砖是将熔融玻璃采用压制机压制制得的一种矩形块状制品。

（2）空心玻璃砖 空心玻璃砖是由两个半块的玻璃砖胚组合而成的，其中间是空腔，周边是密封的，空腔内有干燥空气并存在负压，砖内外可以铸出多种样式的条纹。按照内部结构分类，空心玻璃砖分为单空腔和双空腔，后者在空腔中间有一道玻璃肋，具有较强的隔热、隔声能力，还可控制光通量、防结露和减少灰尘的透过。按尺寸分类，空心玻璃砖可分为常规砖（常见尺寸为190mm×190mm×80mm）、小砖（常见尺寸为145mm×145mm×80mm）、厚砖（常见尺寸为190mm×190mm×95mm、145mm×145mm×95mm）和特殊规格砖（常见尺寸为240mm×240mm×80mm、190mm×90mm×80mm）。

玻璃砖具有以下特点：

（1）隔热 在夏季和日照强烈的地方，使用玻璃砖能获得采光、隔热的双重功效。

（2）防火 玻璃砖具有一定的防火性能。

（3）节能环保 玻璃砖是绿色环保产品，既不含醇、苯、醚等有害物质，也不含陶瓷、石材中存在的放射性物质，无毒无害、无污染、无异味、无刺激性。另外，玻璃砖不会产生光污染，而且能减弱其他物质带来的光污染，能调整室内光线的布局。

（4）使用灵活 玻璃砖的使用比较灵活，用途广泛，不同规格的玻璃砖组合能呈现出不同的空间美感，如图4-7所示。

图4-7 玻璃砖的应用

（5）隔声　单层玻璃砖结构可以达到空气声隔声性能分级 5 级的要求，间距小于 50mm 的双层玻璃砖墙可满足空气声隔声性能分级 6 级的要求。

（6）价格便宜　玻璃砖因价格便宜，性能也不错，在装修市场上占有相当大的使用比例。

（7）抗压强度高、抗冲击能力强、安全性能高　玻璃砖的抗冲击能力比钢化玻璃要好，具有不错的防盗安全性。

4.3.6　玻璃马赛克

玻璃马赛克又叫玻璃锦砖或者纸皮砖，是一种小规格的彩色饰面玻璃，是用不同色彩的小块玻璃镶嵌而成的，它以玻璃为基本材料，含有未溶解的小晶体乳浊或者半乳浊成份，有的产品还含有气泡或石英砂颗粒。玻璃马赛克正面光滑、细腻，背面有粗糙的槽纹，颜色多样，有透明、半透明、不透明三种形式，常作为办公楼、礼堂、医院和住宅等的室内外装饰材料。玻璃马赛克色彩艳丽、典雅美观，不同色彩图案的马赛克可以组合拼装成各色壁画，装饰效果良好；化学性质稳定，质地坚硬，耐热、耐寒、耐酸碱。玻璃马赛克的断面比陶瓷要好，粘接性能较好，不易脱落，不变色、不积尘，容易施工，价格也较低。玻璃马赛克的常见单块尺寸有 20mm × 20mm × 4mm、25mm × 25mm × 4mm 和 30mm × 30mm × 4mm，常见单联尺寸有 305mm × 305mm、314mm × 314mm、324mm × 324mm 和 327mm × 327mm。玻璃马赛克制品如图 4-8 所示。

图 4-8　玻璃马赛克制品

4.3.7　热熔玻璃

热熔玻璃又称为水晶立体艺术玻璃、熔模玻璃，如图 4-9 所示。热熔玻璃是采用特制的热熔炉，以平板玻璃和无机色料等作为主要原料，采用特定的加热程序和退火曲线，经特制的成型模模压成型后再退火制成的，必要时可增加雕刻、钻孔、修裁等后序工序。热熔玻璃具有图案丰富、立体感强烈、装饰华丽等优点，使玻璃表面具有很生动的造型，装饰效果独特，满足了人们对装饰风格多样化和美感的追求。热熔玻璃产品种类较多，目前已经有热熔玻璃砖、门窗用热熔玻璃、大型墙体嵌入玻璃、一体式卫浴玻璃洗脸盆等，其艺术效果应用已十分广泛且作用显著。

图 4-9　热熔玻璃制品

4.3.8　压花玻璃

压花玻璃又名滚花玻璃，是熔融的平板玻璃在冷却硬化前，用刻有花纹的辊轴进行对辊压延，在玻璃单面或双面压出深浅不同的花纹图案制成的。它的透光率一般为 60% ~70%，

厚度为 3 ~ 5mm，最大规格为 900mm × 1600mm。压花玻璃花纹样式丰富、造型优美；同时，由于压花玻璃表面凹凸不平，射到其表面的光线会产生不规则的漫反射、折射现象，具有透光不透视的特点，起到视线干扰的作用。压花玻璃制品如图 4-10 所示。

图 4-10　压花玻璃制品

压花玻璃一般分为真空镀膜压花玻璃和彩色膜压花玻璃几类。压花玻璃的颜色多种多样，它可以给建筑物增加光彩，所以用途很广，办公室、教室、手术室、餐厅、俱乐部以及临街的底层住房的门窗等都适合安装压花玻璃。浴室和卫生间的门窗装上压花玻璃，可使室内光线充足，而室外的人却看不见室内。作为浴室、卫生间门窗玻璃时应注意将其压花面朝外。

4.3.9　镭射玻璃

1. 性质

镭射玻璃又称为光栅玻璃、全息玻璃或镭射全息玻璃，是一种应用全息技术开发的创新装饰玻璃产品，如图 4-11 所示。它是以平板玻璃或钢化玻璃为原材，在其上涂覆一层感光层，利用激光在玻璃表面构成各种图案的全息光栅或几何光栅，在同一块玻璃上甚至可形成上百种图案，如图 4-11 所示。镭射玻璃的特点在于，当它处于任何光源照射下时，都会因衍射作用产生色彩的变化。而且，对于同一受光面而言，随着入射光角度及人视角的不同，所产生的光的色彩及图案也将不同。其效果扑朔迷离，似动非动，不时出现冷色、暖色交相辉映，五光十色的变幻给人以神奇和华贵的感受，其装饰效果是其他材料无法比拟的。

2. 分类

镭射玻璃主要有两类：一类是以普通平板玻璃为基材制成的，主要用于墙面和顶棚等部位的装饰；另一类是以钢化玻璃为基材制成的，主要用于地面装饰。此外，还有专门用于柱面装饰的曲面镭射玻璃、专门用于大面积幕墙的夹层镭射玻璃以及镭射玻璃砖等产品。镭射玻璃的耐老化寿命是塑料的 10 倍以上，在正常使用情况下其寿命大于 50 年。目前，国内生产的镭射玻璃的最大尺寸为 1000mm×3000mm，在此范围内有多种规格可供选择。

3. 用途

镭射玻璃目前多用于酒吧、酒店、商场、电影院等商业性和娱乐性场所，在家庭装修中也可以把它用于吧台、视听室等空间。如果追求很现代的效果，也可以将其用于客厅、卧室等空间的墙面、柱面。

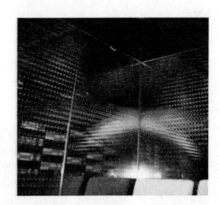

图 4-11　镭射玻璃的应用

4.3.10　减反射玻璃

减反射玻璃又称为低反射玻璃或防眩玻璃，其制备工艺是将优质玻璃原片的单面或双面经过特殊的表面处理工艺，使其具有较低的反射率但又不影响透光率。即使减反射玻璃在强光条件下也可以产生漫反射，进一步减少屏幕反光，提高了显示画面的可视度和亮度，使图像更清晰、颜色更饱和，从而产生良好的视觉效果，创造出清晰透明的视觉空间，让观赏者体验更佳的视觉享受。减反射玻璃的应用如图 4-12 所示。

图 4-12　减反射玻璃的应用

4.4 安全玻璃

安全玻璃是普通玻璃改良后的产物，与普通玻璃相比，安全玻璃强度较高，抗冲击性能好，击碎时的碎片不会伤人，有些还具有防火防盗功能。

4.4.1 钢化玻璃

1. 性质

钢化玻璃又称作强化玻璃，是安全玻璃中最具有代表性的一种，是将玻璃加热到700℃左右（玻璃软化点温度），然后急速冷却，使玻璃表面形成压应力而制成的。其外观质量、厚度偏差、透光率等性能指标与玻璃原片无太大差异。钢化玻璃的最小规格为200mm×200mm，最大规格为200mm×1200mm，厚度一般是2~12mm。

2. 特点

（1）强度高　在相同厚度下，钢化玻璃的强度比普通平板玻璃高3~10倍；抗冲击性能也比普通玻璃高5倍以上。

（2）弹性好　一块1200mm×350mm×6mm的钢化玻璃受力后，弯曲挠度可达100mm；外力去掉后，钢化玻璃仍能恢复原状。普通玻璃在外力作用下，挠度仅有几毫米。

（3）热稳定性好　钢化玻璃受到急冷、急热温差变化时不易发生炸裂，一般可承受150~200℃的温差变化，耐候性更强。

（4）内应力均匀　钢化玻璃因有均匀的内应力，所以一旦被破坏也是在破坏点出现裂纹，破碎后形成的小碎块没有尖锐的棱角，不易伤人。

钢化玻璃的缺点是不能切割、磨削，边角不能碰击，必须按照设计要求的尺寸定制。

3. 分类

钢化玻璃按形状可分为平面钢化玻璃和曲面钢化玻璃。

4. 应用

钢化玻璃的应用很广泛，除了可以用于平板玻璃的应用范围外，还可以用于地面，运用在别墅或者复式楼房的楼梯、楼道上。在一些追求新颖的公共空间也常采用钢化玻璃，在架空的钢化玻璃下面的地面上再铺上细砂和鹅卵石。此外，钢化玻璃也经常被用作隔断，尤其在家居空间的浴室中经常被采用。钢化玻璃制品及应用如图4-13所示。

图4-13　钢化玻璃制品及应用

4.4.2 热弯玻璃、弯钢化玻璃

1. 性质

普通热弯玻璃是将浮法玻璃原片加热至软化温度后，靠玻璃自重或外界作用力将玻璃弯曲成型并经自然冷却制成的。弯钢化玻璃是将普通玻璃根据一定的曲率半径通过加热、急冷处理后制成的，由于表面强度成倍增加，使玻璃原有平面形成曲面。

2. 特性

（1）热弯玻璃的特点　曲面形状中间无连接驳口，线条优美，可达到整体和谐的意境，可根据要求做成各种不规则的弯曲面。

（2）弯钢化玻璃的特点　破碎后形成类似蜂窝状的小钝角颗粒，对人体不会造成重大伤害，具有安全性。其强度一般是普通玻璃的 4～5 倍，具有高强度。弯钢化玻璃具有良好的热稳定性，能承受的温度是普通玻璃的 3 倍，可承受 300℃ 的温差变化。弯钢化玻璃曲面形状的中间无连接驳口，能满足建筑业对玻璃外形艺术美的追求。

3. 应用领域

热弯玻璃多用于家具、橱柜、双曲面及锥形建筑。弯钢化玻璃多应用于弧面造型玻璃幕墙、采光顶棚、观光电梯、室内弧形玻璃隔断、玻璃护栏、室内装饰、家具等。热弯玻璃、弯钢化玻璃的应用如图 4-14 所示。

 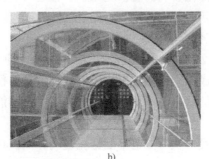

a)　　　　　　　　　　b)

图 4-14　热弯玻璃、弯钢化玻璃的应用

a）热弯玻璃　b）弯钢化玻璃

4.4.3 夹丝玻璃

夹丝玻璃又称为防碎玻璃，它是将经过预热处理、已经编织好的钢丝网压入已软化的玻璃中间制成的，是内部夹有金属丝网的玻璃，如图 4-15 所示。夹丝玻璃的面可以是磨光的、磨砂的或是压花的，颜色可以是彩色的或是透明的。由于夹丝玻璃内部金属丝网的存在，这种玻璃具有较好的安全性和防火性，抗折强度高，抗冲击能力和耐温度剧变的能力比普通玻璃要好。在外力作用和温度剧烈变化导致玻璃破碎时，夹丝玻璃碎片附着在钢丝上，不致飞出伤人，同时金属丝网和玻璃碎片的存在还能起到隔绝火焰的作用，故也可用于防火玻璃。夹丝玻璃常用于防火等级较高的公共建筑、工业建筑及振动较为频繁的环境，如建筑物的天窗、顶棚、阳台、走廊、楼梯间、厨房以及易受振动的门窗。

夹丝玻璃的厚度有 6mm、7mm 和 10mm 三种，按外观质量和尺寸精度的不同划分为优等品、一等品与合格品三个质量等级。

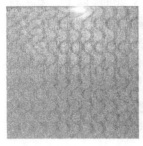

图 4-15　夹丝玻璃细节

4.4.4　夹层玻璃

夹层玻璃是在两片或多片平板玻璃之间嵌夹一层或多层有机聚合物中间膜，经加热、加压、黏合而成的平面或弯曲的复合玻璃制品。夹层玻璃的抗冲击性能比普通平板玻璃高出几倍，玻璃破碎时仅产生辐射状裂纹，而且碎片仍粘贴在膜片上不致伤人，因此夹层玻璃也属于安全玻璃。夹层玻璃制品如图 4-16 所示。

夹层玻璃具有耐久、耐热、耐寒等性质，防盗性能较好，破坏需要较长时间和较大声响，并有抗强风、抗震、防弹、隔声、防紫外线和保温等作用。生产夹层玻璃的原片可以采用普通平板玻璃、钢化玻璃、彩色玻璃、吸热玻璃等。夹层材料也有很多种，常用的有聚乙烯醇缩丁醛（PVB）、聚氨酯（PU）和聚酯（PES）。

根据夹层玻璃原片与夹层材料的不同组合，夹层玻璃可具有多种不同性质与功能，可分为防火夹层玻璃、遮阳夹层玻璃、电热夹层玻璃、防弹夹层玻璃、玻璃纤维增强夹层玻璃、报警夹层玻璃、防紫外线夹层玻璃、隔声夹层玻璃等类型。根据形状，夹层玻璃也有平板和弯曲两种形状。若采用多层玻璃与多层夹层制作多层夹层玻璃，玻璃原片采用强度较高的钢化玻璃，这种夹层玻璃实际上就是大家所熟知的防弹玻璃。夹层玻璃一般用在汽车等交通工具上，也适用于户外装饰、家居装饰等范围，银行或者高档住宅等对安全要求较高的装修工程也可采用。夹层玻璃的厚度一般为 6~10mm，常用规格为 800mm×100mm 和 850mm×1800mm 等。

图 4-16　夹层玻璃制品

4.4.5　防弹玻璃

防弹玻璃是一种特殊玻璃，可以达到阻挡子弹穿透以及碎片飞溅伤人的目的。防弹玻璃实际上是夹层玻璃的发展，由多层玻璃和胶片叠合制成，总厚度一般在 20mm 以上，要求较高的防弹玻璃总厚度可以达到 50mm 以上的厚度。防弹玻璃结构中的胶片厚度与防弹效果有关，如 1.52mm 厚度胶片的防弹效果要优于 0.76mm 厚度的胶片。防弹效果还与玻璃强度有关，采用钢化玻璃制作的防弹玻璃，其防弹效果要优于用普通玻璃制作的防弹玻璃。防弹玻璃的使用安全效果主要有两个判断标准，第一是子弹不得贯穿，若贯穿即丧失了对子弹的阻挡作用；第二是背面玻璃不能崩落，因为崩落的碎片也可能伤及人身。防弹玻璃广泛适用于银行、珠宝金行的柜台，以及运钞车和其他有特殊安全防范要求的区域。防弹玻璃制品如图 4-17 所示。

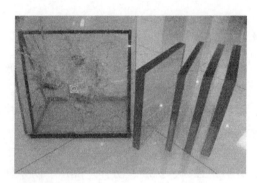

图 4-17　防弹玻璃制品

4.5　节能玻璃

建筑节能要求在建筑材料生产、房屋建筑和构筑物施工及使用过程中，满足同等需要或达到相同目的的条件下，尽可能降低能耗，节能玻璃的开发和利用，对建筑节能有着积极的意义。

4.5.1　中空玻璃

中空玻璃是由两层或两层以上的平板玻璃、夹丝玻璃、钢化玻璃、吸热玻璃或热反射玻璃组成的，玻璃的四周用高气密性和高强度的复合胶粘剂将玻璃及铝合金框、橡胶条粘结、密封，中间充入干燥气体或惰性气体，框内填入干燥剂，以保证中空玻璃内空气的干燥度，如图 4-18 所示。中空玻璃的颜色有无色、蓝色、茶色、紫色、绿色、灰色、银色和金色等。中空玻璃的主要技术性能指标如下：

（1）光学性能　根据所选用的玻璃原片，中空玻璃具有各种不同的光学性能，可见光透射率范围为 10%～80%；光的总透过率为 25%～50%。

（2）热工性能　中空玻璃具有优良的绝热性能，在某些条件下，其绝热性能可优于混凝土墙。

（3）隔声性能　中空玻璃具有很好的隔声性能，其隔声效果通常与噪声的种类、声强等有关，一般可使常规噪声下降 30～40dB，对交通噪声可降低 31～38dB。

（4）露点　通常情况下，中空玻璃接触室内高湿度空气的时候玻璃表面温度较高，外层玻璃虽然温度低，但接触的空气湿度也低，所以不会结露，一般的中空玻璃产品能保证中空玻璃的露点在 4℃ 以下。

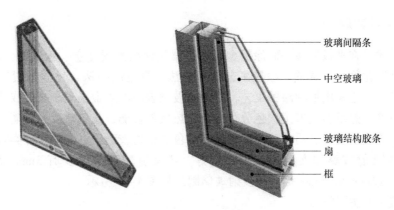

图 4-18　中空玻璃制品

玻璃间隔条
中空玻璃
玻璃结构胶条
扇
框

4.5.2　吸热玻璃

　　吸热玻璃的生产是在普通硅酸盐玻璃中加入铁、镍、钴、硒等氧化物，或在玻璃表面喷涂有色氧化物薄膜制成的一种具有较高吸热性能的玻璃。吸热玻璃在吸收大量红外辐射、紫外辐射的同时，还能保持较高的可见光透过率，让人能够清晰地观察窗外事物。吸热玻璃按颜色可分为灰色、茶色、绿色、古铜色、金色、棕色和蓝色等。吸热玻璃已经广泛应用于建筑和交通工具中，充分起到调节内部空间温度、防止紫外线危害、减弱强光入射防止产生眩光的作用。同时，吸热玻璃采用金属氧化物掺杂或喷涂的制造工艺，经久耐用、不易褪色。吸热玻璃的应用如图 4-19 所示。

　　吸热玻璃的主要性能：

　　1）吸收太阳辐射热的程度取决于吸热玻璃的颜色和厚度，根据这一特性，可根据不同地区的日照条件来选定不同颜色、不同厚度的吸热玻璃。

　　2）吸收太阳可见光的能力比普通玻璃要强，它能使刺目耀眼的阳光变得柔和，能减弱射入光线的强度，起到防眩光的作用。

　　3）能吸收太阳光谱中的紫外线，因而可减少紫外线对人体和室内物品的伤害。

　　4）颜色经久不褪，可长久保持建筑物的色泽美观。

图 4-19　吸热玻璃的应用

4.5.3　热反射玻璃

热反射玻璃是在平板玻璃表面涂覆金属或金属氧化物薄膜（金、银、铜、铝、铬、镍、铁等金属及其氧化物）制成的。涂覆工艺有热解法、真空溅射法、化学浸渍法、气相沉积法、电浮法等，不论采用哪种涂覆工艺，都是向玻璃表面渗入金属离子来形成热反射膜，故又称为镀膜玻璃。热反射玻璃按颜色分类有茶色热反射玻璃、灰色热反射玻璃、蓝灰色热反射玻璃、金色热反射玻璃、褐色热反射玻璃和铜色热反射玻璃等；按结构分类有单片热反射玻璃、中空热反射玻璃和夹层热反射玻璃等。热反射玻璃的厚度有 3mm、5mm、6mm、8mm、10mm、12mm 和 15mm 等。热反射玻璃制品如图 4-20 所示。

热反射玻璃的主要特点：

（1）对太阳能辐射的反射能力较强、隔热性能较好　普通平板玻璃的太阳能辐射反射率为 7% ~10%，而热反射玻璃的反射率为 25% ~40%。因此，热反射玻璃在强光照射时能降低室内温度，并使光线变得柔和，避免眩光，改善室内环境。

（2）具有镜面效应与单向透视性　热反射玻璃在迎光面具有镜子的特性，而在背光的一面则具有普通玻璃的透明效果。白天，人们从室内透过热反射玻璃幕墙可以看到外面车水马龙的热闹街景，但室外却看不见室内的景物，可起到遮挡作用；晚上的情况正好相反，室内看不见热反射玻璃幕墙外的事物，而室外却因室内照明的因素可以看清室内的情景，此时对于私密场所应用窗帘等加以遮蔽。

（3）对可见光的透过率较小　例如 6mm 厚的热反射玻璃对可见光的透过率比相同厚度的浮法玻璃减少 75% 以上，比茶色吸热玻璃减少 60%。

（4）装饰效果美观　热反射玻璃的镜面效应使得其可以映射周围景物，加之热反射玻璃金色、银色、灰色、茶色等深浅不同底色的映衬，配以其他装饰元素，具有很好的装饰效果。热反射玻璃常用于高级建筑的幕墙、展示橱窗等。

图 4-20　热反射玻璃制品

4.5.4　低辐射镀膜玻璃

低辐射镀膜玻璃又称为 Low-E 玻璃，是在玻璃表面镀上多层由金属或其他化合物组成的膜，对可见光有着较高的透过率，对中远红外线（热能）有着较高的反射率，其隔热效果优异同时透光性能良好，可显著节约室内的能源消耗，性质与功能同热反射玻璃较为相似。低辐射镀膜玻璃的节能体现在对阳光热辐射的遮蔽性（隔热性）、对热空气外泄的阻挡性（保温性）方面。此外，低辐射镀膜玻璃还具有较强的阻止紫外线透射的功能，可以有效地防止室内陈设物品、家具等受紫外线照射产生老化、褪色等。低辐射镀膜玻璃制品及应用如图 4-21 所示。

　　低辐射镀膜玻璃的主要规格有 1500mm × 900mm、1500mm × 1200mm、1800mm × 750mm、1800mm × 1200mm、1800mm × 1600mm 和 2200mm × 1250mm。低辐射镀膜玻璃一般不单独使用，常与普通平板玻璃、浮法玻璃、钢化玻璃等配合使用，制成高性能的中空玻璃。

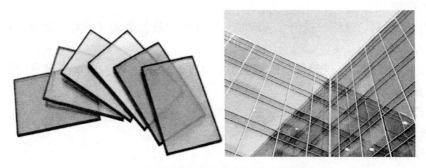

图 4-21　低辐射镀膜玻璃制品及应用

4.5.5　变色玻璃

　　变色玻璃又可称为光敏玻璃、光致变色玻璃。该玻璃在制造过程中加入卤化银，或在玻璃的夹层中加入铝和钨的感光化合物，同时加入可提高感光灵敏度的增感剂，由此获得了光致变色功能。在受太阳光或其他光线照射时，变色玻璃的颜色随着光线的增强而逐渐变暗，当光照停止时又恢复原来色彩。目前，变色玻璃的应用已从眼镜片向交通、医学、通信、建筑等需要调节光的强度、避免眩光的领域发展。由于变色玻璃可以自动调节进入室内的太阳辐射能量，改善室内的采光条件，故在节能建筑中的应用越来越广泛。变色玻璃制品及应用如图 4-22 所示。

图 4-22　变色玻璃制品及应用

4.6　玻璃装饰材料施工工艺

4.6.1　常见玻璃墙面施工工艺

1. 施工准备

（1）材料

1）玻璃。

2）衬底材料：墙筋、胶合板、沥青、油毡等，也可选用一些特制的橡胶、塑料、纤维之类的衬底垫块。

3）固定用材料：螺钉、铁钉、玻璃胶、环氧树脂胶、盖条（木材、铜条、铝合金型材等）、橡胶垫圈等。

（2）工具　玻璃刀、玻璃钻、玻璃吸盘、水平尺、托尺板、玻璃胶筒及固钉工具（如锤子、螺钉旋具）等。

2. 工艺流程

基层处理→立墙筋→铺钉衬板→玻璃安装。

3. 操作工艺

（1）基层处理　在砌筑墙体或柱子时，要在墙体中埋入木砖，其横向尺寸与玻璃长度相等，竖向尺寸与玻璃高度相等，大面积玻璃安装还应在横向和竖向每隔500mm埋入木砖。墙面要进行抹灰，按照使用部位的不同，要在抹灰面上烫热沥青或贴油毡，也可将油毡夹于木衬板和玻璃之间。这些做法的主要目的是防止潮气使木材板变形、使玻璃镀层脱落，导致玻璃失去光泽。

（2）立墙筋　墙筋为40mm×40mm或50mm×50mm的木龙骨，以铁钉钉于木砖上。安装小片玻璃多为双向立筋，安装大片玻璃可以单向立筋，横、竖墙筋的位置应与木砖一致。要求墙筋横平竖直，以便于衬板和玻璃的固定，因此立筋时也要挂水平垂直线。安装前要检查防潮层是否做好，立筋打好后要用长靠尺检查平整度。

（3）铺钉衬板　衬板为15mm厚木板或5mm厚胶合板，用铁钉与墙筋钉接，钉头应埋入板内。衬板的尺寸可以大于立筋间距，这样可以减少剪裁工序，提高施工速度。要求衬板表面无翘曲、起皮现象，且表面平整、清洁，板与极之间的缝隙应在立筋处。

（4）玻璃安装　玻璃安装的施工顺序为：玻璃切割→玻璃钻孔→玻璃固定。

1）玻璃切割。安装特定尺寸的玻璃时，要在大片玻璃上切下一部分，切割时要在台案上或平整地面上进行，上面铺胶合板或地毯。

2）玻璃钻孔。如选择以螺钉固定玻璃，则要在玻璃上钻孔，孔一般位于玻璃的边角处。

3）玻璃固定一般有以下方式：

①螺钉固定。螺钉固定一般适用于1m²以下的小尺寸玻璃。墙面为混凝土基底时，预先插入木砖、埋入锚塞；或在木砖、锚塞上再设置木墙筋，再用直径3~5mm的平头或圆头螺钉透过玻璃上的钻孔钉在墙筋上，对玻璃起固定作用。

安装一般从下向上、由左至右进行。有衬板时，可在衬板上按每块玻璃的位置弹线，按弹线安装。将钻好孔的玻璃放到安装部位，在孔中穿入螺钉，套上橡胶垫圈，用螺钉旋具将螺钉逐个拧入木墙筋（注意不要拧得太紧）。全部玻璃固定后，用长靠尺找平，再将稍高出其他玻璃的部位再拧紧，以全部调平为准。螺钉如紧固不均匀，容易发生映像失真，最好与双面胶并用。要将玻璃之间的缝隙用玻璃胶嵌满，用打胶筒将玻璃胶压入缝中，要求密实、饱满、均匀，且不得污染玻璃。最后用软布擦净玻璃。

②嵌钉固定。嵌钉固定是把嵌钉钉在墙筋上将玻璃的四个角压紧的固定方法。施工时，在平整的木衬板上先铺一层油毡，油毡两端用木压条临时固定，以保证油毡平整、紧贴于木衬板上，然后在油毡表面按玻璃分块弹线。安装时从下往上进行，安装第1排玻璃时，嵌钉应临时固定，装好第2排后再拧紧。

③粘结固定。粘结固定是将玻璃用环氧树脂、玻璃胶粘结于木衬板上（或玻璃垫块上）的固定方法，适用于1m²以下的玻璃。在柱子上进行玻璃装饰施工时多用此法，比较简便。

施工时，首先检查木衬板的平整度和固定牢靠程度（因为粘结固定时，玻璃本身的荷载是通过木衬板传递的，如木衬板不牢靠将导致整个玻璃固定不牢）。然后清除木衬板表面的污物和浮灰，以增强粘结牢固程度。再在木衬板上按玻璃尺寸分块弹线、刷环氧树脂粘结玻璃。环氧树脂应涂刷均匀，不宜过厚，每次刷环氧树脂的面积不宜过大，随刷随粘贴，并及时把从玻璃缝中挤出的胶浆擦净。玻璃胶用打胶筒打胶，胶点要均匀。粘结应按弹线分格从下而上进行，应待底下的玻璃粘结达一定强度后，再进行上一层玻璃的粘结。

采用以上三种方法固定的玻璃还可在周边加框，起封闭端头（封口）和装饰作用。

④托压固定。托压固定主要靠压条和边框将玻璃托压在墙上。压条和边框的材料有木材、塑料和金属型材（有专门用于玻璃安装的铝合金型材）。也可用支托五金件，可以适用于2m²玻璃的安装。采用支托五金件时，玻璃上不开孔，因为是由五金件支撑的质量，对玻璃损伤较小。

托压固定施工时，在平整的木衬板上先铺一层油毡，油毡两端用木压条临时固定，以保证油毡平整并紧贴于木衬板上。然后在油毡表面按玻璃分块弹线。压条固定从下向上进行，用压条压住两玻璃之间的接缝处，先用竖向压条固定最下层玻璃，安放一层玻璃后再固定横向压条。压条为木材时，宽度一般为30mm，长度同玻璃，表面可做装饰线。在压条上每200mm钉一颗钉子，钉头应压入压条中0.5~1.0mm，用腻子找平后涂装。因钉子要从玻璃中钉入，因此两玻璃之间要考虑设10mm左右的缝宽，弹线分格时就应注意这个问题。安装完毕后，用软布擦净玻璃。

4. 质量要求

1）一定要按设计图纸施工，选用材料的规格、品种、颜色应符合设计要求。

2）在同一墙面上安装同色玻璃时，最好选用同一批产品，以防玻璃颜色深浅不一，影响装饰效果。

3）安装后的玻璃应平整、洁净，接缝应顺直、严密，不得有翘起、松动、裂隙、掉角。如玻璃不平整，会造成映像失真。

4.6.2　玻璃隔断墙施工工艺

1. 工艺流程

弹线→大龙骨安装→主龙骨安装→小龙骨安装→玻璃安装→打玻璃胶→安装压条。

2. 操作工艺

（1）弹线　根据楼层设计标高水平线，顺墙高量至顶棚设计标高，沿墙弹出隔断垂直标高线及天地龙骨（沿顶龙骨、沿地龙骨）的水平线，并在天地龙骨的水平线上画好龙骨的分档位置线。

（2）大龙骨安装

1）天地龙骨安装。根据设计要求固定天地龙骨；如无设计要求，可以用膨胀螺栓或钉子固定，膨胀螺栓固定点的间距为 600～800mm。安装前要做好防腐处理。

2）沿墙边龙骨安装。根据设计要求固定边龙骨；如无设计要求，可以用膨胀螺栓或钉子与预埋木砖固定，固定点间距为 800～1000mm。安装前要做好防腐处理。

（3）主龙骨安装　根据设计要求按分档线位置固定主龙骨，用铁钉固定，龙骨每端固定不少于三颗钉子，必须安装牢固。

（4）小龙骨安装　根据设计要求按分档线位置固定小龙骨，用扣榫或钉子固定，必须安装牢固。安装小龙骨前，也可以根据安装玻璃的规格在小龙骨上安装玻璃槽。

（5）玻璃安装　根据设计要求按玻璃的规格将玻璃安装在小龙骨上。如用压条安装时，先固定玻璃侧的压条，并用橡胶垫垫在玻璃下方，再用压条将玻璃固定；如用玻璃胶直接固定玻璃，应将玻璃先安装在小龙骨的预留槽内，然后用玻璃胶封闭固定。

（6）打玻璃胶　首先在玻璃上沿四周粘上纸胶带，根据设计要求将玻璃胶均匀地打在玻璃与小龙骨之间，待玻璃胶完全干燥后撕掉纸胶带。

（7）安装压条　根据设计要求将压条用直钉或玻璃胶固定在小龙骨上。如设计无要求，可以根据需要选用 10mm×12mm 木压条、10mm×10mm 铝压条或 10mm×20mm 不锈钢压条。

3. 质量要求

1）玻璃隔断墙工程所用材料的品种、规格、图案、颜色和性能应符合设计要求。玻璃板隔断墙应使用安全玻璃。

2）玻璃板安装方法应符合设计要注。

3）有框玻璃板隔断墙的受力杆件应与基体结构连接牢固，玻璃板安装时橡胶垫的位置应正确。玻璃板安装应牢固，受力应均匀。

4）玻璃门与玻璃墙面析的连接、地弹簧的安装位置应符合设计要求。

5）玻璃砖隔断墙砌筑中埋设的拉结筋应与基体结构连接牢固，数量、位置应正确。

6）玻璃隔断墙表面应色泽一致、平整洁净、清晰美观。

7）玻璃隔断墙接缝应横平竖直，玻璃应无裂痕、缺损和划痕。

8）玻璃板隔断墙嵌缝及玻璃砖隔断墙勾缝应密实平整、均匀顺直、深浅一致。

4. 成品保护

1）安装木龙骨及玻璃时，应注意保护顶棚及墙内装好的各种管线；木龙骨的龙骨不准固定在通风管道及其他设备上。

2）施工部位已安装的门窗以及已施工完的地面、墙面、窗台等应注意保护，防止损坏。

3）木骨架材料、玻璃材料，在进场、存放过程中应妥善管理，使其不变形、不受潮、不损坏、不污染。

4）其他专业的材料不得置于已安装好的木龙骨骨架和玻璃上。

4.6.3 玻璃砖墙施工工艺

1. 施工准备

（1）玻璃砖 一般为内壁呈凹凸状的空心砖或实心砖，四周有5mm的凹槽，常用规格为300mm×300mm×100mm 和 100mm×100mm×100mm，要求棱角整齐。

（2）水泥 采用强度等级为32.5级或42.5级的普通硅酸盐白水泥。

（3）砂 一般用白色砂砾，粒径为0.1~1.0mm，不得含泥土及其他杂质。

（4）掺合料 白灰膏、石膏粉、胶粘剂等。

（5）其他材料 φ6钢筋、玻璃丝毡或聚苯乙烯、槽钢等。

2. 施工机具

大铲、托线板、线坠、白线、2m钢卷尺、铁水平尺、皮数杆、小水桶、灰槽、扫帚、透明塑料胶带、橡胶锤、手推车等。

3. 工艺流程

弹隔墙定位线→双面挂线→通长分层砌筑→放置双排钢筋网→划缝、勾缝。

4. 操作工艺

（1）弹隔墙定位线 根据楼层设计标高弹出隔墙定位线。按弹好的隔墙定位线核对玻璃砖墙的长度尺寸是否符合排砖模数。如不符合，应适当调整砖墙两侧的槽钢或木框的厚度以及砖缝的厚度。砖墙两侧调整的宽度要一致，同时与砖墙上部槽钢调整后的宽度也要尽量保持一致。

（2）双面挂线 砌筑应双面挂线。如玻璃砖墙较长，则应在中间设几个支点，找好定位线的标高，使全长高度一致。每层玻璃砖在砌筑时均需挂平线，并要穿线看平，使水平灰缝平直通顺、均匀一致。

（3）通长分层砌筑 砌筑时一般采取通长分层砌筑，首层撂底砖要按下面弹好的定位线砌筑。在砌筑砖墙两侧的第一块砖时，将玻璃丝毡（或聚苯乙烯）嵌入两侧的边框内。玻璃丝毡（或聚苯乙烯）随着玻璃砖墙的增高而嵌置到顶部。

（4）放置双排钢筋网 玻璃砖墙的层与层之间应放置双排钢筋网，对接位置可在玻璃砖的中央。最上一层玻璃砖砌筑在墙的中部收头部位。顶部槽钢内也要嵌入玻璃丝毡（或聚苯乙烯）。

（5）划缝、勾缝 砌筑时水平灰缝尺寸和竖向宽度尺寸一般控制在8~10mm。在浇筑立缝砂浆的同时划缝，划缝深度为8~10mm，要求深浅一致、清扫干净。划缝完成后2~3h，即可勾缝。勾缝砂浆内可掺入占水泥质量2%的石膏粉，以加速凝结。

5. 质量标准

1）玻璃砖墙工程所用材料的品种、规格、图案、颜色和性能应符合设计要求。

2）玻璃砖砌筑的方法应符合设计要求。

3）玻璃砖墙砌筑中埋设的拉结筋应与基体结构连接牢固，数量、位置应正确。

4）玻璃砖墙表面应色泽一致、平整洁净、清晰美观。

5）玻璃砖墙接缝应横平竖直，玻璃应无裂痕、缺损和划痕。

6）玻璃砖墙勾缝应密实平整、均匀顺直、深浅一致。

随堂测试

填空题

1. （   ）又被称为毛玻璃，它是将平板玻璃的一面或者两面用金刚砂、石英砂等磨料经机械或人工研磨或用氢氟酸溶蚀等方法处理成均匀毛面，厚度一般为 5mm、6mm。其具有透光不透视的特性，射入的光线经过磨砂玻璃后会变得柔和、不刺眼。

2. 市场上还有一种外观上类似磨砂玻璃的品种，它是利用压缩空气将细砂喷至平板玻璃表面进行研磨制成的，称为（   ）。

3. 在喷砂玻璃的基础上还可以加工出一种裂纹玻璃，又叫作（   ）。

4. 不透明彩色玻璃是在平板玻璃的基础上经过喷涂彩色釉或者高分子有色涂料制成的，有时也被称为（   ）。

5. （   ）即镜子，也叫涂层玻璃或镀膜玻璃，是指玻璃表面通过化学（银镜反应）或物理（真空铝）等方法形成反射率极强的镜面反射的玻璃制品。

6. （   ）又被称为特厚玻璃，分为实心玻璃砖和空心玻璃砖。实心玻璃砖是将熔融玻璃采用压制机压制制得的一种矩形块状制品。空心玻璃砖是由两个半块的玻璃砖胚组合而成、中间空腔、周边密封的一种玻璃，空腔内有干燥空气并存在负压，砖内外可以铸出多种样式的条纹。

7. （   ）又叫玻璃锦砖或者纸皮砖，是一种小规格的彩色饰面玻璃，是用不同色彩的小块玻璃镶嵌而成的，它以玻璃为基本材料，含有未溶解的小晶体乳浊或者半乳浊成分，有的产品还含有气泡或石英砂颗粒。其正面光滑、细腻，背面有粗糙的槽纹，颜色多样，有透明、半透明和不透明三种形式，常作为办公楼、礼堂、医院和住宅等的室内外装饰材料。

8. （   ）是采用特制的热熔炉，以平板玻璃和无机色料等作为主要原料，采用特定的加热程序和退火曲线，经特制的成型模模压成型后再退火制成，必要时可增加雕刻、钻孔、修裁等后序工序。

9. （   ）又名滚花玻璃，是熔融的平板玻璃在冷却硬化前，用刻有花纹的辊轴进行对辊压延，在玻璃单面或双面压出深浅不同的花纹图案制成的。

10. （   ）又称为光栅玻璃、全息玻璃或镭射全息玻璃，是一种应用全息技术开发的创新装饰玻璃产品。

第五章　金属装饰材料

金属作为建筑装饰材料有着悠久的历史。在现代建筑中，金属材料更是以它独特的性能赢得了设计和施工人员的青睐，从高层建筑的铝合金窗到围墙、栅栏、阳台、入口、柱面等，金属材料无处不在。

金属基础知识　轻钢龙骨石膏板吊顶

金属装饰材料是指由一种金属元素构成或由一种金属元素同其他金属或非金属元素组合构成的装饰材料的总称。金属装饰材料的优点主要有强度高、耐磨、耐腐蚀、力学性能良好、材质均匀致密、易于加工等，其闪亮的光泽、坚硬的质感、特有的色调和挺拔的线条，可使建筑室内外空间光彩照人、美观雅致，如图5-1和图5-2所示。

用于建筑装饰的金属材料主要有金、银、钢、铝、铜及它们的合金，特别是钢和铝合金更以优良的性能、较低的价格而被广泛使用。在建筑装饰工程中主要使用的是金属材料的板材、型材及其制品。现代各种涂装工艺的产生和发展，不但改变了金属装饰材料的抗腐蚀能力，还赋予了金属材料多变、华丽的外表，更加确立了金属材料在室内外装饰工程中的地位。

图5-1　首都机场的金属装饰材料应用　　图5-2　国家大剧院的金属装饰材料应用

5.1　金属装饰材料的分类

1. 按材料性质分类

金属装饰材料按材料性质可分为黑色金属装饰材料、有色金属装饰材料、复合金属装饰材料。

1）黑色金属装饰材料是指由铁和铁合金制成的金属装饰材料，如碳钢、合金钢、铸铁、生铁等。

2）有色金属装饰材料是指铝及铝合金、铜及铜合金、金、银等。

3）复合金属装饰材料是指金属与非金属复合材料，如铝塑板等。

2. 按装饰部位分类

金属装饰材料按照装饰部位可分为金属顶棚装饰材料、金属墙面装饰材料、金属地面装饰材料、金属外立面装饰材料、金属景观装饰材料及金属装饰品。

1）金属顶棚装饰材料是指用于吊顶装饰的金属装饰材料，主要有铝合金扣板、铝合金方板、铝合金格栅、铝合金格片、铝板顶棚、铝单板顶棚、彩钢板顶棚、轻钢龙骨、铝合金龙骨制品等。

2）金属墙面装饰材料是指用于墙面装饰的金属装饰材料，主要有铝单板内外墙板、铝塑板内外墙装饰板、彩钢板内外墙板、金属内外墙装饰制品、不锈钢内外墙板等。

3）金属地面装饰材料是指用于地面装饰的金属装饰材料，主要有不锈钢装饰条板、压花钢板、压花铜板等。

4）金属外立面装饰材料是指用于建筑外立面装饰的金属装饰材料，主要有铝单板、铝型板、钛锌板、金属型材、铜板、铸铁、金属装饰网、配合玻璃幕墙的铝合金型材和钢型材等。

5）金属景观装饰材料是指用于室外景观工程的金属装饰材料，主要有不锈钢、压型钢板、铝合金型材、铜合金型材、铸铁材料、铸钢饰品、金属帘、金属网等。

3. 按材料的形状分类

金属装饰材料按照材料的形状可分为金属装饰板材、金属装饰型材、金属装饰管材。

1）金属装饰板材是指平板类金属材料，主要有钢板、不锈钢板、铝合金单板、铜板、彩钢板、压型钢板等。

2）金属装饰型材是指金属及金属合金材料经热轧等工艺制成的异型断面材料，主要有铝合金型材、型钢、铜合金型材等。

3）金属装饰管材是指金属及金属合金经加工制成的具有矩形、圆形、椭圆形、方形等截面的管状材料，主要有铝合金方管、不锈钢方管和不锈钢圆管。

5.2 黑色金属装饰材料

5.2.1 碳素结构钢

《碳素结构钢》（GB/T 700—2006）中规定，碳素结构钢的牌号由四部分组成，按顺序分别为代表屈服强度的字母、屈服强度数值、质量等级符号、脱氧方法符号。其中，以字母Q代表屈服强度，屈服强度数值分别为 195MPa、215MPa、235MPa 和 275MPa 四种；质量等级用字母 A、B、C、D 表示（质量等级依次提高）；脱氧方法用 F 表示沸腾钢，Z 表示镇静钢、TZ 表示特殊镇静钢，在牌号组成表示方法中，Z 与 TZ 可以省略。例如，牌号 Q235AF 表示屈服强度为 235MPa 的 A 级沸腾碳素结构钢。随着牌号的提高，钢材的强度越来越高，而塑性和韧度越来越差。同时，牌号所表示的屈服强度数值只适于厚度或直径不大于 16mm 的钢材；厚度和直径大于 16mm 的钢材，屈服强度比牌号标定值要低。

5.2.2 低合金结构钢

低合金结构钢是在碳素结构钢中添加少量的一种或多种合金元素，合金元素总量一般少于钢材总质量的 5%，合金元素有硅、锰、钛、钒、铌等。低合金结构钢的成本和碳素结构钢接近，而强度、耐磨性能、耐蚀性和耐低温性能都有明显提高。

5.2.3　压型钢板

压型钢板是以薄钢板经冷压或冷轧成型的，如图 5-3 所示。压型钢板具有单位重量轻、强度高、抗震性能好、施工快速、外形美观等优点，主要用于围护结构、楼板、屋顶等。根据不同使用功能要求，压型钢板的截面多呈波形、双曲波形、V 形、U 形和梯形。

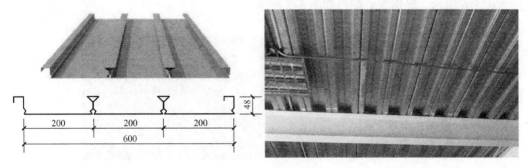

图 5-3　压型钢板制品

5.2.4　彩色钢板

为了提高普通钢板的防腐性能，增加装饰效果，往往在钢板表面涂饰一层保护性的装饰彩膜，这样的钢板称为彩色钢板。

1. 彩色涂层钢板

彩色涂层钢板是以冷轧或镀锌钢板（钢带）为基材，经表面处理（脱脂、磷化等）后，涂上有机涂料经烘烤制成的，简称彩涂板或彩板，如图 5-4 所示。常用的涂层有无机涂层、有机涂层和复合涂层三大类。彩色涂层钢板兼有金属材料

图 5-4　彩色涂层钢板制品

与有机材料的特性，不但强度高、刚度好、易加工，色彩丰富，其耐腐蚀性能也得到了提高，并且更耐高、低温，二次机械加工也不会破坏涂层。彩色涂层钢板广泛用做建筑物的外墙板、屋面板以及室内的护壁板、吊顶板。

2. 彩色条板、扣板及方形平面板

彩色条板、扣板及方形平面板以普通钢板为基材，表面经防腐处理后涂饰各类油漆。条板及方形平面板一般可用螺钉固定在背后的龙骨上；扣板则不用螺钉固定，它利用自身的断面卡在龙骨上。扣板多用于室内墙面、顶面的处理。彩色条板、扣板及方形平面板具有施工方便、耐污染、耐热、耐低温等特点，并且装饰效果较好，如图 5-5 所示。

图 5-5　条板、扣板的应用

5.2.5　轻钢龙骨

　　轻钢龙骨是以冷轧钢板（带）、镀锌钢板（带）或彩色涂层钢板（带）为原材，由特制轧机以多道工艺轧制而成，广泛应用于宾馆、候机楼、客运站、剧场、商场、工厂、办公楼、既有建筑改造、室内装修、顶棚等。轻钢龙骨吊顶具有重量轻、强度高、防水、抗震、防尘、隔声、吸声、恒温等特点，同时还具有施工工期较短、施工简便等优点。轻钢龙骨的应用如图5-6所示，轻钢龙骨配件如图5-7所示。

图5-6　轻钢龙骨的应用

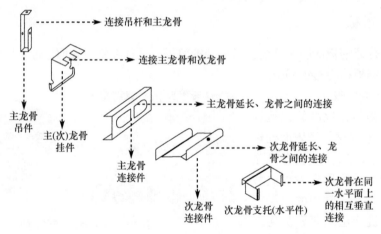

图5-7　轻钢龙骨配件

　　1. 轻钢龙骨的特点

　　（1）强度大、自重轻　轻钢龙骨的承载能力较强，且自重较轻。以轻钢龙骨为骨架，与9.5mm厚的纸面板组成的吊顶每平方米质量约为8kg。

　　（2）通用性强、安装方便　轻钢龙骨适用于各类场所的吊顶和隔断的装饰，可按设计需要灵活布置。另外，装配化的施工作业改善了现场劳动条件，降低了劳动强度，可加快施工速度。

　　（3）防锈、防火　大量工程实践表明，轻钢龙骨的防锈、防火性能均满足设计要求。

　　2. 轻钢龙骨的分类

　　（1）按材质分类　轻钢龙骨按材质分类有镀锌钢板龙骨和薄壁冷轧退火卷带龙骨。

　　（2）按用途分类　轻钢龙骨按用途分类有吊顶龙骨（D）、隔断龙骨（Q）。吊顶龙骨又分为主龙骨（又称为大龙骨、承重龙骨）和次龙骨（又称为覆面龙骨，包括中龙骨和小龙骨）；隔断龙骨则有竖向龙骨、横向龙骨和贯通龙骨等。

（3）按龙骨断面分类　轻钢龙骨按龙骨断面分类有 U 形龙骨、C 形龙骨、T 形龙骨、H 形龙骨和 L 形龙骨，厚度一般为 0.5～1.5mm。吊顶轻钢龙骨常见型号见表 5-1，隔墙轻钢龙骨常见型号见表 5-2。

表 5-1　吊顶轻钢龙骨常见型号

品种	型号	规格/mm	尺寸/mm
主龙骨	DU38	38×12×1.2	3000
	DU45	45×12×1.2	
	DU50	50×15×1.5	
	DU60	60×30×1.5	
次龙骨	DC25	25×19×0.5	
	DC50	50×19×0.5	
嵌装龙骨	T16/40	16×40×0.8	2000

1）U 形龙骨：起组成吊顶龙骨骨架、承受吊顶自重与附加荷载（如上人检修荷载、吊挂的灯具荷载）的作用，包括主龙骨。

2）C 形龙骨：起组成吊顶龙骨骨架、连接吊顶板的作用（在无主龙骨的吊顶中，C 型龙骨独自承受吊顶自重与附加荷载），包括次龙骨。

3）T 形龙骨：起组成吊顶龙骨骨架、搭装或嵌装吊顶板的作用，包括次龙骨。

4）H 形龙骨：同 T 形龙骨的作用。

5）L 形龙骨：主要用于吊顶与四周墙的相接处，起着连接吊顶板的作用，又称为边龙骨。有些吊顶工程省去该种龙骨。

表 5-2　隔墙轻钢龙骨常见型号

品种	型号	规格/mm	尺寸/mm
横向龙骨	QU50-1	50×50×0.7	3000
	QU75-1	75×50×0.7	
竖向龙骨	QC50-2	52×40×0.7	
	QC75-2	76.5×40×0.7	
贯通龙骨	QU38	38×12×1.2	

5.2.6　不锈钢

不锈钢是在空气中或化学腐蚀环境中能够抵抗腐蚀的一种高合金钢，具有美观的表面和良好的耐腐蚀性能。不锈钢在生产过程中加入大量的铬元素，且形成钝化状态，具有不锈特性。一般不锈钢的铬含量在 12% 以上，铬含量越高，钢的耐蚀性越好。除铬外，不锈钢中还含镍、锰、钛、硅等元素，它们都影响着不锈钢的强度、塑性、韧度及耐蚀性。不锈钢的耐蚀性原理是由于铬元素比铁元素的性质更活泼，在不锈钢中，铬首先和环境中的氧发生化合反应，生成一种与钢基体牢固结合的致密氧化铬膜层（称为钝化膜），钝化膜能使合金钢得到保护，不致锈蚀。

1. 不锈钢的分类

（1）按照化学成分分类　不锈钢可分为铬不锈钢、铬镍不锈钢和高锰低铬不锈钢等。

（2）按照耐蚀性　不锈钢可分为普通不锈钢和耐酸不锈钢。

（3）按照经900～1100℃高温淬火处理的反应和微观组织不同　不锈钢可分为淬火后硬化的马氏体不锈钢、淬火后不硬化的铁素体不锈钢及高铬镍型不锈钢。

（4）按制品分类　不锈钢可分为不锈钢装饰板、不锈钢管材和不锈钢异型材。

2. 不锈钢板

不锈钢表面的光泽度是根据其反射率来决定的，反射率达到90%的称为镜面不锈钢；反射率达到50%的称为亚光不锈钢，装饰行业使用的亚光不锈钢的反射率多在24%～28%。还可根据设计要求对不锈钢板进行腐蚀处理，腐蚀深度一般为0.015～0.5mm。经腐蚀处理后的不锈钢装饰效果比较好，成为不锈钢装饰板。不锈钢板的宽度一般为500～1000mm，长度一般为2000～3000mm，厚度有0.35mm、0.4mm、0.5mm、1.0mm和1.2mm等。

不锈钢板常见以下品种：

（1）镜面板　光线照射后反射率达90%以上，表面平滑光亮，可以映像，如图5-8a所示。此种板常用于柱面、墙面等部位。

（2）亚光板　反射率在50%以下，光线柔和、不刺眼，如图5-8b所示。

（3）浮雕钢板　浮雕钢板是经辊压、研磨、腐蚀或雕刻制成的一种具有立体感的浮雕装饰，一般腐蚀雕刻深度为0.015～0.5mm。

a)　　　　　　　　　　　b)　　　　　　　　　　　c)

图5-8　不锈钢板制品

3. 彩色不锈钢板

彩色不锈钢板是在不锈钢板上进行技术性的和艺术性的加工，使其表面成为具有各种绚丽色彩的不锈钢装饰板，其颜色有蓝色、灰色、紫色、红色、青色、绿色、金黄色、橙色、茶色等多种。彩色不锈钢板具有耐腐蚀、力学性能优秀、彩色面层经久不褪色、色泽随光照角度不同会产生色调变幻等特点；同时，彩色面层能耐200℃的温度，耐盐雾腐蚀性能超过一般不锈钢，耐磨和耐刻划性能相当于箔层镀金的性能。彩色不锈钢板的弯曲性能十分优秀，当弯曲90°时，彩色面层不会损坏。彩色不锈钢板的厚度一般有0.2mm、0.3mm、0.4mm、0.5mm、0.6mm、0.8mm等，长×宽一般为2000mm×1000mm和1000mm×500mm。彩色不锈钢板制品如图5-9所示。

彩色不锈钢板按表面效果分类：

（1）彩色不锈钢镜面板　彩色不锈钢镜面板是用研磨液通过抛光设备在不锈钢板面上进行抛光，使板面像镜子一样清晰，然后电镀上色制成的。

（2）彩色不锈钢拉丝板　彩色不锈钢拉丝板因其表面纹路像头发那样细长且直而得名。其表面具有丝状纹理，但是摸不出来，是不锈钢加工工艺的一种。彩色不锈钢拉丝板表面是亚光的，比一般亮面的不锈钢耐磨，看起来更高档。彩色不锈钢拉丝板有多种纹路，如发丝纹、雪花砂纹和纹（乱纹）、十字纹和交叉纹等，所有纹路都通过油抛发纹机按要求加工而成，然后电镀着色。

（3）彩色不锈钢喷砂板　彩色不锈钢喷砂板通过机械设备在不锈钢板面上进行加工，使板面呈现细微的珠粒状砂面，形成独特的装饰效果。

（4）彩色不锈钢组合工艺板　根据工艺要求，将抛光、拉丝、镀膜、蚀刻、喷砂等多种工艺集中在一张板面上进行组合加工，制成彩色不锈钢组合工艺板。

（5）彩色不锈钢和纹板　彩色不锈钢和纹（乱纹）板的砂纹从远处看是由一圈一圈的砂纹组成的，近处就是不规则乱纹，是由磨头上下左右不规则摆动磨成的，然后经电镀着色制成。

（6）彩色不锈钢蚀刻板　彩色不锈钢蚀刻板是彩色不锈钢镜面板、彩色不锈钢拉丝板、彩色不锈钢喷砂板为底板，在表面通过化学方法腐蚀出各种花纹图案后再进行深加工，加以和纹、拉丝、嵌金等各式复杂工艺处理后制成的。

图5-9　彩色不锈钢板制品

4. 不锈钢管材

不锈钢管材有圆形管、方形管、矩形管三种（图5-10），它们主要用作门拉手、五金配件、楼梯扶手等部件。不锈钢管的壁厚一般有0.5mm、0.6mm、0.8mm、1.0mm、1.2mm、2.0mm、2.5mm、3.0mm、3.5mm、4.0mm和6.0mm；圆形管外径一般有19mm、22mm、38mm、45mm、50mm、80mm、102mm、108mm和114mm；方形管的规格一般有10mm×

10mm、20mm×20mm、38mm×38mm、40mm×40mm、50mm×50mm，60mm×60mm 和 80mm×80mm；矩形管的规格一般有 20mm×10mm、25mm×13mm、40mm×20mm、50mm× 25mm、60mm×30mm、80mm×45mm、90mm×45mm 和 100mm×45mm。

 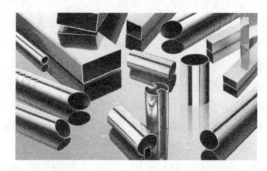

图 5-10　不锈钢管材制品

5.3　有色金属装饰材料

5.3.1　铝及铝合金

1. 特性

铝是银白色的，有金属光泽，是有色金属中的轻金属。铝具有良好的导热性、导电性和延展性，化学性质很活泼，暴露在空气中易在表面生成一层氧化铝薄膜，这层薄膜会保护下面的金属不再受到腐蚀，所以铝的耐蚀性较强。

纯铝很软，强度不大，有着良好的延展性，可拉成细丝和轧成箔片，大量用于制造电线、电缆，但铝的强度和硬度较低。铝的抛光表面对白光的反射率达 80% 以上，对紫外线、红外线也有较强的反射能力。铝还可以进行表面着色，从而获得良好的装饰效果。为了提高铝的实用价值，常添加一些其他金属制成合金，例如镁、锰、铜、锌、硅等。铝粉具有银白色的光泽，常和其他物质混合用作涂料，刷在铁制品的表面保护铁制品免遭腐蚀，而且美观。光洁的铝板具有良好的光反射性能，可用来制造高质量的反射镜、聚光碗等。铝还具有良好的吸声性能，根据这一特点，一些演播室、现代化大型建筑外立面及室内的顶棚等也可应用铝及铝合金制品。

2. 品种

铝制品的形式有很多，有纯铝和合金铝。在装饰中常用铝合金材料，铝合金既保留了铝质量小的特性，同时力学性能明显提高，因而显著提高了使用价值，不仅可用于建筑装修，还可用于结构方面。铝合金材料分为铝硅系合金、铝铜合金、铝镁合金、铝锌系合金、铝镁硅合金等。其中的铝镁硅合金，强度中等，冲击吸收能量较高，热塑性极好，可以高速挤压成结构复杂、薄壁、中空的各种型材或锻造成结构复杂的锻件，应用十分广泛。

3. 用途

铝合金材料在室内装饰中应用十分广泛，常见的铝合金装饰制品有铝合金门窗、铝合金百叶窗、铝合金装饰板、铝箔、铝镁饰板、铝镁曲板、铝合金吊顶材料、铝合金栏杆、铝合金扶手、铝合金屏幕、铝合金格栅等。其中，铝箔有很好的防潮性能和绝热性能，可用作保温隔热窗帘，同时具有很好的装饰作用。

5.3.2　常用铝及铝合金装饰制品

1. 铝合金门窗

20 世纪 80 年代末，以铝为主的合金型材铝合金门窗，虽然解决了钢窗的一些缺点，但型材本身为金属材料，冷热传导快，没有从根本上解决密封、保温等问题。20 世纪 90 年代中后期，门窗市场开始出现断桥铝合金隔热门窗，型材中间采用高强度绝缘绝热合成材料，表面处理采用粉末喷涂、氟碳喷涂及树脂热印等技术，可以满足建筑设计及室内装修设计对色彩的需求。断桥铝合金隔热门窗的突出优点是质量小、强度高、水密性和气密性较好、防火性能好、耐腐蚀、使用寿命长、装饰效果好、环保性能好等。之后发展起来的断桥铝塑复合窗的原理是利用塑料型材将室内外两层铝合金既隔开又紧密连接成一个整体，彻底解决了铝合金传热快、不符合节能要求的缺点。

2. 铝及铝合金装饰板

铝及铝合金装饰板是以铝及铝合金为原料，经辊压、冷压加工制成的各种断面的金属板材，具有重量轻、强度高、刚度好、耐腐蚀、经久耐用的优点。其表面经阳极氧化或喷漆、喷塑处理可形成多种色彩。

（1）铝单板　铝单板由优质铝板加工而成，表层采用氟碳喷涂，能耐受紫外线照射、温度变化和大气腐蚀，具有良好的抗弯强度及优良的抗压性能；同时，经二次开发使铝型材表面经氟碳喷涂，具有颜色众多、使用寿命长、美观大方、环保及永不褪色等优点，在现代建筑外立面、内部装修工程中被广泛应用。铝单板制品如图 5-11 所示。

图 5-11　铝单板制品

（2）铝合金花纹板　铝合金花纹板采用防锈铝、纯铝或硬铝，用表面具有特制花纹的轧辊轧制而成，具有花纹美观大方、纹高适中（0.5～0.8mm）、不易磨损、防滑、耐腐蚀、易于清洗、花纹板表面平整、裁剪尺寸准确、便于安装等优点，广泛用于车辆、船舶、飞机等的内部装饰和楼梯、踏板等防滑部位。铝合金花纹板根据花纹深度分为普通花纹板和浅花纹板。浅花纹板是我国特有的一种优质金属装饰板材，具有刚度大，耐刻划，耐污染，易清洗，耐氨、硫和各种酸的腐蚀，耐大气腐蚀能力强等优点，同时具有良好的金属光泽和热反应性能，可用于室内和车厢、飞机、电梯等的内饰面。铝合金花纹板制品如图 5-12 所示。

（3）铝及铝合金穿孔吸声板　铝及铝合金穿孔吸声板是为满足室内吸声的功能要求，在铝或铝合金板材上用机械加工的方法冲出孔径、形状、间距均不同的孔洞制成的一种集功

图 5-12　铝合金花纹板制品

能、装饰性于一体的板材。铝及铝合金穿孔吸声板除具有吸声、降噪的声学功能外，还具有质量小、强度高、防火、防潮、耐腐蚀、化学稳定性好等特点。铝及铝合金穿孔吸声板使用在建筑中具有造型美观、色泽优雅、立体感强烈的特点，同时组装简便、容易维修，广泛应用于宾馆、饭店、观演建筑、播音室和中高级民用建筑，以及各类厂房、机房、人防地下室的吊顶，起到降噪、改善音质的作用。铝及铝合金穿孔吸声板制品如图 5-13 所示。

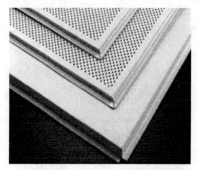

图 5-13　铝及铝合金穿孔吸声板制品

（4）铝制波纹板和压型板　铝制波纹板和压型板是采用强度高、耐腐蚀性能好的防锈铝经机械加工制成的异型断面板材，截面形式的变化使其刚度有所增加。这种板材具有质量小、外形美观、色彩丰富、耐腐蚀、利于排水、安装容易、施工速度快等特点。具有银白色表面的铝制波纹板和压型板对阳光有很强的反射能力，利于室内隔热保温，两种板材的外立面系统适用于各种建筑的外墙，具有别具一格的建筑曲线美感，并将通风、防水、保温、隔声等建筑功能融为一体。铝制波纹板和压型板一般选择防腐蚀性能强、使用寿命长的铝镁锰合金制造，其使用寿命可达 50 年以上。铝制波纹板和压型板制品及应用如图 5-14 所示。

（5）铝塑板　铝塑板（又称为铝塑复合板）以铝板作表层，聚乙烯作中层，经过特殊工艺复合而成，具有隔声、防火、防水、耐腐蚀、抗震、质量小、密度小、刚性好、易加工、耐久性好等特点。铝塑复合板本身所具有的性能决定了其用途十分广泛，它可以用于大楼外墙、帷幕墙板、旧楼改造翻新、室内壁及顶棚装修、广告招牌、展示台架、净化防尘工程等，如图 5-15 所示。铝塑复合板是由多层材料复合而成的，上下层为高纯度铝合金板，中间层为无毒低密度聚乙烯芯板，其正面还粘贴一层保护膜。用于室外时，铝塑复合板的正面可涂覆氟碳树脂涂层；用于室内时，其正面可采用非氟碳树脂涂层。铝塑复合板易于加工、成型，可以切割、裁切、开槽、带锯、钻孔、加工埋头，也可以冷弯、冷折、冷轧，还

图 5-14　铝制波纹板和压型板制品及应用

可以铆接、螺钉连接或胶合粘结等。

图 5-15　铝塑板制品及应用

（6）铝合金格栅　铝合金格栅造型新颖、通风良好、立体感极强，适用于超级市场、酒吧或商场等场所。铝合金格栅的常规厚度为 0.5mm，可根据要求加厚；常见规格有 75mm ×75mm、100mm×100mm、110mm×110mm、120mm×120mm、125mm×125mm、200mm× 200mm 和 250mm×250mm；常见厚度为 30mm、40mm 和 50mm。铝合金格栅的应用如图 5-16 所示，铝合金格栅顶棚构造如图 5-17 所示。

图 5-16　铝合金格栅的应用

（7）铝合金条形板和方形板

1）铝合金条形板。铝合金条形板以高等级预辊涂铝合金为材料，通过辊压成形加工制成，面板规格多种多样，安装系统变化多端。铝合金条形板吊顶线条流畅、层次分明，通过线条在上部空间的延伸，可创造出具有导向感的空间效果，现代感十足，丰富的产品系列为设计师提供了广阔的想象空间和多姿多彩的表现手法。铝合金条形板广泛应用于公共空间、办公室、民用住宅等领域。铝合金条形板制品及应用如图 5-18 所示，其产品主要特点如下：

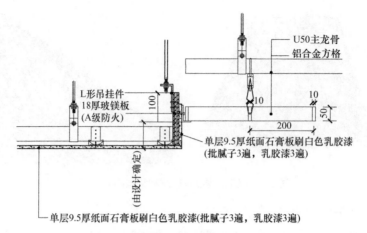

铝合金格栅吊顶(横向) 1:10

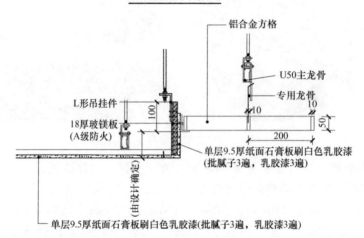

铝合金格栅吊顶(纵向) 1:10

图 5-17　铝合金格栅顶棚构造

图 5-18　铝合金条形板制品及应用

① 面板宽度从 30~225mm 可选,规格多达十几种;面板标准长度可达 6000mm。

② 面板和龙骨可加工成弧形、波浪形;翻边有圆弧、斜角等。

③ 面板可进行穿孔吸声处理,配有多种样式的装饰条,增强了设计的表现力。

④ 有丰富的颜色和表面处理方式可选，可实现离缝、密闭、呈放射状等不同的效果。

2）铝合金方形板。铝合金方形板的装饰效果非常独特，而且方形板的尺寸与很多灯具的尺寸协调一致，能使吊顶表面组成一个有机整体。在装修时，吊顶板采用铝合金方形板，墙边补缺处采用铝合金靠墙板，如图 5-19 所示。铝合金方形板具有阻燃、防腐、防潮等优点，而且装拆方便，每件板均可独立拆装，方便施工和维护，当需调换和清洁面板时，可用磁性吸盘或专用拆板器快速取板。铝合金方形板的常见规格有 300mm × 300mm、300mm × 600mm、600mm × 600mm 和 600mm × 1200mm，厚度为 0.5 ~ 1.2mm。按方形板边缘不同，铝合金方形板可分为嵌入式方形板和浮搁式方形板。铝合金方形板吊顶也可采用 T 形断面的中龙骨，但必须配装浮搁式方形板。铝合金方形板制品如图 5-20 所示。

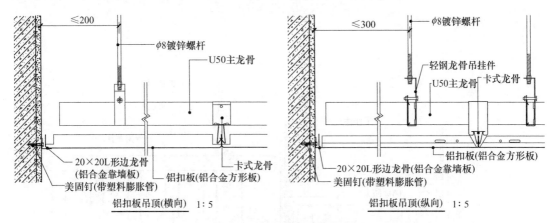

图 5-19　铝合金方形板构造

图 5-20　铝合金方形板制品

铝合金条形板和方形板的主要特点如下：

① 具有良好的耐腐蚀性能，能抵御各种油烟、潮湿环境，可抗紫外线。

② 环保、无毒无味、抗静电、硬度高、防火、不粘污渍、不吸尘、易清洗、成本低廉、使用寿命长、不易老化下沉、不易变色变形。

（8）铝合金挂片　铝合金挂片适用于大面积的公共场合，结构美观大方，线条明快，并可根据不同环境使用相应规格的挂片，在图形组合上变化多样，且安装方便。铝合金挂片的应用如图 5-21 所示，铝合金挂片吊顶构造如图 5-22 所示。

图 5-21　铝合金挂片的应用

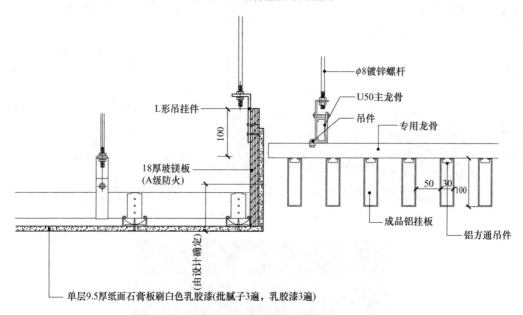

铝合金挂片吊顶(横向) 1:10

图 5-22　铝合金挂片吊顶构造

（9）铝合金龙骨　铝合金龙骨是室内吊顶装饰中常用的一种材料，可以起到支架、固定和美观的作用，与之配套的是硅钙板、矿棉板、硅酸钙板等。铝合金龙骨是在铁皮烤漆龙骨的基础上改进而来的。因为铝经过发蓝处理之后不会生锈和脱色，而原来的铁皮烤漆龙骨时间长了会因为氧化而导致生锈、泛黄、掉漆。铝合金龙骨的特性是质轻、不锈、防火、抗震、安装方便等，特别适用于室内吊顶装饰。

铝合金吊顶龙骨有主龙骨（大龙骨）、次龙骨（中、小龙骨）、边龙骨及吊挂件等，主、次龙骨与板材组成450mm×450mm、500mm×500mm 和 600mm×600mm 的方格，铝合金龙骨不需要大尺寸的吊顶板材，可灵活选用小规格的材料。铝合金材料经过电氧化处理后，具有光亮、不锈、色调柔和的特点，因而铝合金吊顶龙骨通常外露，做成明龙骨吊顶，美观大方。

铝合金龙骨也可与轻钢龙骨组合使用，即主要承重龙骨为轻钢龙骨，铝合金主龙骨按一定间距用吊钩与轻钢主龙骨挂接。横撑次龙骨的断面与铝合金主龙骨相同，长度按板材规格确定，其端部的突头可直接插入铝合金主龙骨的长条形安装孔内，然后弯折连接。因此，组合使用时多采用小幅面板材吊顶，小幅面板材插接或搭接在龙骨的两翼上，形成明龙骨和暗龙骨。

铝合金龙骨的特点有：

① 重量轻：其重量仅为轻钢龙骨的 1/3。

② 尺寸精度高：因为铝合金龙骨的延展性较好，可以精确对尺，所以装配尺寸精度高。

③ 装配性能好：由于铝合金龙骨尺寸精度高，所以更适合于对安装尺寸要求较高的吊顶板材。

④ 装饰性能好：由于铝合金龙骨表面采用镀膜工艺，其表面具有银白色、古铜色、暗红色、青铜色、黑色等色泽，若吊顶板采用搭装的方法（明龙骨吊顶），则吊顶表面会形成具有柔和光泽的铝格框，对吊顶的整个表面具有良好的装饰效果。

⑤ 节省材料：因为铝合金龙骨尺寸精度高，横截面面积小，加工性能好，减少了浪费，由此节省了材料。

⑥ 应用形式灵活：铝合金龙骨既可做成明龙骨吊顶，也可以做成暗龙骨吊顶。

5.4 其他金属装饰材料

1. 钛锌金属板

钛锌金属板（图 5-23）作为室外装饰材料已经应用得非常广泛了，在室内装饰中的应用也越来越多。将钛、铜与锌混炼，从而制得钛锌合金，再经过辊轧制成片状、条状或板状的建材板，称为钛锌金属板。钛锌金属板常用厚度有 0.7mm、0.8mm、1mm、1.2mm 和 1.5mm。所有钛锌金属板的屋面和幕墙系统均为结构性防水，通风透气，施工过程不使用建筑胶，完全通过咬合、搭接、折叠等方式实现紧密连接。

图 5-23 钛锌金属板的应用

2. 钛金属板

钛金属板是一种新型建筑材料，在国家大剧院、杭州大剧院等大型建筑上已得到成功应用。如图 5-24 所示。

钛金属板主要有表面光泽度高、强度高、热膨胀系数低、耐腐蚀性的优异、无环境污染、使用寿命长、力学性能和加工性能良好等特性。钛材本身的各项性能是其他建筑材料不可比拟的。中国国家大剧院近 40000m² 的壳体外饰面，有 30800m² 是钛金属板，6700m² 是玻璃幕墙。其中，2000 多块尺寸约 2000mm×800mm×4mm 的钛金属板是由钛、氧化铝、不锈钢复合制成的。外层钛表面经过特殊发蓝处理，具有化学性质稳定、强度高、自重小、耐腐蚀等优点。由

图 5-24　钛金属板的应用

钛金属板往内依次是起防水作用的 304 铝镁合金板、起保温作用的玻璃纤维棉板、2mm 厚钢衬板（衬板内层喷 K13 吸声粉末）、内饰红木吊顶。其中，起防水作用的铝镁合金具有极强的耐腐蚀能力，特别是在酸性环境下，其耐腐蚀性能明显优于钢板和普通铝合金板。内饰红木是经防火处理的条形板，条形板之间留有 30mm 的空隙用以解决声学和回风问题。

3. 太古铜板

太古铜板是一种很好的屋面、墙面装饰材料。太古铜板为半硬状态，具有极佳的加工适应性，特别适合采用平锁扣和立边咬合的金属屋面，如图 5-25 所示。太古铜板包括原铜（紫色）、预钝化板（咖啡色、绿色）和镀锡铜，其优点如下：

1）具有不错的耐久性，因为它自身具有抗侵蚀能力，特别适合用在室外环境。

2）具有良好的韧度，加工性能好，可满足各种造型的屋面。

3）生命周期长、维护费用少，经济、耐用。

4）可循环利用，具有环保性。

图 5-25　太古铜板的应用

4. 金属装饰线条

金属装饰线条（压条、嵌条）是一种新型装饰材料，是高级装饰工程中不可缺少的配套材料。它具有高强度、耐腐蚀的特点。另外，经阳极氧化着色、表面处理后的金属装饰线条，具有外表美观、色泽雅致、耐光性和耐候性好等特点。金属装饰线条有白色、金色、青铜色等多种，适用于现代室内装饰、壁板的边压条。金属装饰线条制品如图 5-26 所示。

（1）铝合金线条　铝合金线条具有质量小、强度高、耐腐蚀、耐磨、刚度大等特点。其表面经阳极氧化着色处理后，有各种鲜明的色泽，耐光性和耐候性好，其表面还可涂以坚

图 5-26 金属装饰线条制品

固透明的电镀漆膜，更加美观、耐用。铝合金线条可用于装饰面的压边线、收口线以及装饰画、装饰镜面的框边线，可在广告牌、灯光箱、显示牌、指示牌上当作边框或框架，在墙面或吊顶面作为一些设备的封口线。铝合金线条还用于家具上的收边装饰线、玻璃门的推拉槽、地毯收口线等。铝合金线条主要有角边线条、画框线条、地毯收口线条等几种。其中，角边线条又分为等边和不等边两种。铝合金线条制品如图 5-27 所示。

（2）铜合金线条 铜合金线条是用合金铜（即"黄铜"）制成的，其强度高、耐磨、不锈蚀，加工后表面呈金黄色。铜合金线条主要用于地面大理石、花岗岩的间隔线，楼梯踏步的防滑线，地毯压角线，装饰柱及高档家具的装饰线等。

（3）不锈钢线条 不锈钢线条具有强度高、耐腐蚀、耐水、耐磨、耐擦拭、耐气候变化等特点，其表面光洁如镜，装饰效果好，属高档装饰材料，如图 5-28 所示。

不锈钢线条适用于各种装饰面的压边线、收口线、柱角压线等，主要有角线和槽线两类。

图 5-27 铝合金线条制品　　　　　　　　图 5-28 不锈钢线条制品

（4）金属装饰线条收口线的安装施工方法（以不锈钢线条为例） 不锈钢线条收口线的安装采用表面无钉条的收口方法，其工艺如下：

1）先用钉子在收口位置上固定一根木衬条，木衬条的宽、厚尺寸略小于不锈钢线条槽的内径尺寸。

2）再在木衬条上涂环氧树脂胶（万能胶），在不锈钢线条槽内也涂环氧树脂胶，再将该线条卡装在木衬条上。

3）如不锈钢线条有造型，木衬条也应做出对应造型。

4）不锈钢线条的表面一般贴有一层塑料胶带保护层，该塑料胶带应在饰面施工完毕后再从不锈钢线条梢上撕下来。

　　5）注意事项：不锈钢线条在角位的对口拼接应用45°拼口，截口时应在45°定角器上用钢锯条截断，并注意在截断操作时不要损伤表面。不锈钢线条的截断操作不得使用砂轮片切割机，以防受热后变色。对截断好的拼接面应修平。

　　5. 金属马赛克

　　说起金属，人们联想到的就是"金光闪闪"，近年来出现的金属马赛克通常给人以这种感觉。金属马赛克可在一个装饰面上灵活运用各色各样的几何排列，既是颜色的渐变，也可以作为其他装饰材料的点缀，将材料本身的典雅气质和浪漫情调演绎得淋漓尽致。金属马赛克制品如图5-29所示。

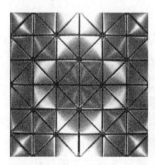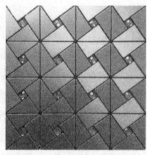

图5-29　金属马赛克制品

　　一般的金属马赛克表面烧有一层金属釉，也有的在马赛克表面紧贴一层金属薄片，上面则是水晶玻璃。前者是陶瓷质地，后者是玻璃质地，两者都较为常见，但并非真正意义上的金属马赛克，真正的金属马赛克的材料是纯金属。随着金属装饰材料的发展，金属马赛克的工艺也得到了一定改进，在建筑装饰中也被广泛应用。金属马赛克颗粒的常用尺寸有：20mm×20mm、25mm×25mm、30mm×30mm、50mm×50mm和100mm×100mm。

5.5　金属装饰材料施工工艺

5.5.1　铝塑板墙面施工工艺

　　1. 工艺流程

　　弹线→安装与调平龙骨→板块安装→端部处理。

　　2. 操作工艺

　　（1）弹线　确定标高控制线和龙骨位置线，当吊顶有标高变化时，应将变截面部分的位置确定好，接着沿标高线固定角钢。然后根据铝塑板的尺寸及吊顶的面积来安排吊顶龙骨的结构尺寸，要求板块组合的图案要完整，四周留边时的留边尺寸要均匀或对称。注意将安排好的龙骨位置线画在标高线的上边。

　　（2）安装与调平龙骨　根据纵、横标高控制线，从一端开始边安装边调平龙骨，然后再统一精调一次。

　　（3）板块安装　铝塑板与龙骨的安装方式主要有吊钩悬挂式或自攻螺钉固定，也可采用钢丝扎结。安装时，按弹好的板块安排布置线，从一个方向开始依次安装，并注意吊钩先与龙骨固定，再钩住板块侧边的小孔。铝塑板在安装时应轻拿轻放，保护板面不受碰撞或刮伤。用 M5 自攻螺钉固定时，先用手持式电钻打出孔位后再放入自攻螺钉。

（4）端部处理　当四周靠墙边缘部分不符合铝塑板的模数时，在取得设计人员和监理人员的批准后，可不采用铝塑板和靠墙板收边的方法，而改用条形板或纸面石膏板等进行吊顶处理。

铝塑板墙面施工构造如图 5-30 所示。

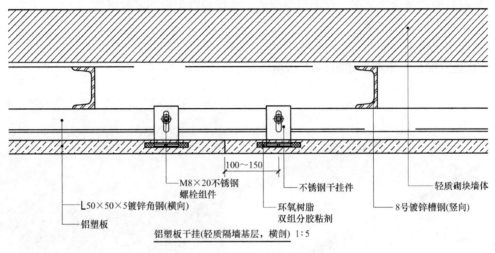

图 5-30　铝塑板墙面施工构造

5.5.2　铝合金方形板吊顶施工工艺

1. 工艺流程

弹线→安装主龙骨吊杆→安装主龙骨→安装边龙骨→安装次龙骨→安装铝合金方形板→饰面清理→分项、检验批验收。

2. 操作工艺

（1）弹线　根据楼层标高水平线，按照设计标高沿墙四周弹顶棚标高水平线，并找出房间中心点。然后沿顶棚的标高水平线，以房间中心点为中心在墙上画好龙骨位置线。

（2）安装主龙骨吊杆　弹好顶棚标高水平线及龙骨位置线后，确定吊杆下端头的标高。然后安装预先加工好的吊杆，吊杆安装用膨胀螺栓固定在顶棚上，吊杆间距控制在 1200mm 范围内。

（3）安装主龙骨　主龙骨一般选用 C38 轻钢龙骨，间距控制在 1200mm 范围内。安装时，采用与主龙骨配套的吊件与吊杆连接。

（4）安装边龙骨　按顶棚净高要求在墙四周用水泥钉固定 25mm×25mm 烤漆龙骨，水泥钉间距不大于 300mm。

（5）安装次龙骨　根据铝合金方形板的规格安装与板配套的次龙骨，次龙骨通过吊挂件吊挂在主龙骨上。当次龙骨长度须多根延续接长时，使用次龙骨连接件。在吊挂次龙骨的同时，将相对的端头连接起来，并先调直后固定。

（6）安装铝合金方形板　安装铝合金方形板时，在装配面积的中间位置、垂直次龙骨方向拉一条基准线，对齐基准线向两边安装。安装时，要轻拿轻放，必须顺着翻边部位按顺序将铝合金方形板两边轻压下去，卡进龙骨后再推紧。

（7）饰面清理　铝合金方形板安装完后，需用棉布把板面全部擦拭干净，不得有污物及手印等。

（8）分项、检验批验收　吊顶工程验收时应检查下列文件和记录：

1）吊顶工程的施工图、设计说明及其他设计文件。

2）材料的产品合格证书、性能检测报告、进场验收记录和复验报告。

3）隐蔽工程验收记录。

4）施工记录。

铝合金方形板吊顶施工如图 5-31 所示。

图 5-31　铝合金方形板吊顶施工

5.5.3　铝合金格栅吊顶施工工艺

1. 工艺流程

弹线→安装吊筋→棚内管线布置、校正、涂装→预装格栅→吊装格栅→调平。

2. 操作工艺

（1）弹线　根据楼层标高水平线和设计标高，沿墙四周弹出顶棚标高水平线和龙骨位置线。要注意是否与水、电工种的标高相矛盾，如有相矛盾的地方要及时解决。

（2）安装吊筋　在弹好顶棚标高水平线后，确定吊杆下端头的标高，将吊杆的上部与预埋钢筋焊接或者用膨胀螺栓固定到结构顶板内；吊杆下部通过连接件连接主龙骨。调节弹簧片挂接在主龙骨上，弹簧片要求镀锌。吊杆的纵、横间距为 1200mm 左右。

（3）棚内管线布置、校正、涂装　将顶棚内的水、电管道安装校正后，在结构顶棚及管道上涂刷 1～2 遍黑色涂料。

（4）预装格栅　将铝合金格栅条（110mm×110mm）在地面先分开，按照其规格进行预装成组。注意地面要平整、干净，要检查格栅的拼接平整度和接口牢固程度。

（5）吊装格栅　将预装好的每组格栅装在直径为 4mm 的吊筋吊钩上，将吊钩一端穿进主龙骨的孔内，另一端固定在弹簧片上。每组格栅通过专用连接件将每一根格栅条连起来。

（6）调平　将整栅顶棚连接后，在格栅的底部按照墙面上的控制线拉线调直，并通过调节弹簧片调整至设计要求的水平度即可。

3. 质量要求

1）吊顶的标高、尺寸、起拱和造型应符合设计要求。

2）格栅的材质、品种、规格、图案、颜色和性能应符合设计要求及国家现行标准的有关规定。

3）吊杆和龙骨的材质、规格、安装间距及连接方式应符合设计要求。金属吊杆和龙骨应进行表面防腐处理。

4）格栅吊顶工程的吊杆、龙骨和格栅的安装应牢固。

4. 常见问题与解决办法

（1）吊顶不平

1）原因分析：水平线控制不好是吊顶不平的主要原因，多因放线时控制不好、龙骨未拉线调平导致。安装、连接格栅的方法不当也易使吊顶不平，严重的还会产生波浪形状。

2）防治措施。吊顶四周的标高线应准确地弹在墙面上。如果跨度较大，还应在中间适当位置加设标高控制点，拉通线控制。待龙骨调直、调平后方能安装格栅。不能直接悬吊的设备，应另设吊杆直接与结构固定。如果采用膨胀螺栓固定吊杆，应做好隐检记录，关键部位要做螺栓的拉拔实验。在安装前，先要检查格栅的平直情况，发现不平直的应进行调整。

（2）接缝明显

1）原因分析：格栅接长部位的接缝明显，多因接缝处接口露白槎、接缝不平在接缝处产生错位导致。

2）防治措施。做好下料工作，对接口部位用锉刀将其修平，并将不平处修整好；再用同颜色的胶粘剂对接口部位进行修补。用胶目的：起密合作用，另外也是对接口的白槎进行遮掩。

（3）吊顶与设备衔接不当

1）原因分析：装饰工程与设备工种配合不好，导致施工安装完成后与装饰工程的衔接不好；确定施工方案时，施工顺序不合理。

2）防治措施。安装灯具等设备工程应与装饰工程密切配合；安装格栅前必须完成水、电、通风等设备工程、检查验收完毕后方可进行；在确定方案和安排施工顺序中要妥善安排。

铝合金格栅吊顶如图 5-32 所示。

5.5.4　轻钢龙骨纸面石膏板吊顶施工工艺

轻钢龙骨纸面石膏板吊顶如图 5-33 所示。

1. 工艺流程

交接验收→找规矩→弹线→复检→吊筋制作、安装→安装轻钢龙骨→骨架安装质量检查→安装纸面石膏板→纸面石膏板安装质量检查→缝隙处理。

2. 操作工艺

（1）交接验收　在正式安装轻钢龙骨吊顶之前，需对上一步工序进行交接验收，如结

图 5-32　铝合金格栅吊顶

构强度、设备位置、防水管线的铺设等，均要进行认真检查。上一步工序必须完全符合设计和有关规范的标准，否则不能进行后续安装。

（2）找规矩　根据设计和工程的实际情况，在吊顶标高处找出一个基准面与实际情况进行对比，核实存在的误差并对误差进行调整，确定平面弹线的基准。

（3）弹线　弹线的顺序是先竖向标高线后平面造型和细部，竖向标高线弹于墙上，平面造型和细部弹于顶板上。主要应当弹出以下基准线：

图 5-33　轻钢龙骨石膏板吊顶

1）顶棚标高线。在弹顶棚标高线前，应先弹出施工标高基准线，以施工标高基准线为准，按设计确定的顶棚标高沿室内墙面将顶棚高度量出，并将此高度用墨线弹于墙面上，其水平允许偏差不得大于 5mm。如果顶棚有跌级造型，其标高均应弹出。

2）设计造型线。根据吊顶的平面设计，以房间的中心为准，将设计造型线按照先高后低的顺序逐步弹在顶板上，并注意累计误差的调整。

3）吊筋吊点位置线。根据设计造型线和设计要求确定吊筋吊点的位置，并弹于顶板上。

4）吊具位置线。所有设计的大型灯具、电扇等的吊杆位置，应按照设计要求测量准确，并用墨线弹于楼板的板底上。如果吊具、吊杆的锚固件须用膨胀螺栓固定，应将膨胀螺栓的中心位置一并弹出。

5）附加吊杆位置线。根据吊顶的具体设计，将顶棚检修走道、检修口、通风口、柱子周边处及其他所有须加"附加吊杆"处的吊杆位置一一测出，并弹于混凝土楼板的板底。

（4）复检　在弹线完成后，对所有弹线进行全面检查复核，如有遗漏或尺寸错误，均应及时补充和纠正。

（5）吊筋制作、安装　吊筋应用钢筋制作，吊筋的固定做法根据楼板种类的不同而不同，具体做法如下：

1）预制钢筋混凝土楼板设吊筋，应在主体施工时预埋吊筋；如无预埋时，应用膨胀螺栓固定，并保证连接强度。

2）现浇钢筋混凝土楼板设吊筋，既可预埋吊筋，也可用膨胀螺栓或用射钉固定吊筋，但要保证连接强度。

（6）安装轻钢龙骨

1）安装轻钢主龙骨。主龙骨按弹线位置就位，利用吊件悬挂在吊筋上，待全部主龙骨安装就位后应进行调直、调平、定位。注意将吊筋上的调平螺母拧紧，龙骨中间部分按设计要求起拱。

2）安装副龙骨。主龙骨安装完毕即可安装副龙骨。副龙骨有通长和截断两种。

3）安装附加龙骨、角龙骨、连接龙骨等。靠近柱子周边增加"附加龙骨"或角龙骨时，按具体设计安装。凡有高低跌级造型的顶棚、灯槽、灯具、窗帘盒等处，应根据具体设计增加连接龙骨。

（7）骨架安装质量检查

1）龙骨荷载检查。在顶棚检修孔周围、高低跌级造型、吊灯、吊扇等处，应根据设计荷载进行加载检查。加载后如龙骨有翘曲、颤动等现象，应增加吊筋予以加强。增加的吊筋数量和具体位置应通过计算确定。

2）龙骨安装及连接质量检查。对整个龙骨的安装质量及连接质量进行彻底检查，连接件应错位安装，龙骨连接处的偏差不得大于相关规范的要求。

3）各种龙骨的质量检查。对主龙骨、副龙骨、附加龙骨、角龙骨、连接龙骨等进行详细的质量检查，如发现有翘曲或扭曲之处以及位置不正、部位不对等现象，均应彻底纠正。

（8）安装纸面石膏板

1）选板。普通纸面石膏板在上顶以前，应根据设计的规格、花色、品种进行选板，凡有裂纹、破损、缺棱、掉角、受潮以及护面纸损坏的均应剔除不用。选好的板应平放于有垫板的木架上，以免受潮。

2）纸面石膏板安装。在进行纸面石膏板安装时，应使纸面石膏板长边（即包封边）与主龙骨平行，从顶棚的一端向另一端开始错缝安装，要逐块排列，余量放在最后安装。纸面石膏板与墙面之间应留6mm间隙，板与板之间的接缝宽度不得小于板厚。

（9）纸面石膏板安装质量检查　纸面石膏板安装完毕后，应对其安装质量进行检查。如有整个纸面石膏板顶棚表面平整度偏差大于3mm、接缝平直度偏差大于3mm、接缝高低差偏差大于1mm、纸面石膏板有钉接缝处不牢固等现象时，应彻底纠正。

（10）缝隙处理

1）直角边纸面石膏板顶棚嵌缝。直角边纸面石膏板顶棚嵌缝均为平缝，嵌缝时的一般施工做法如下：用刮刀将嵌缝腻子均匀饱满地嵌入板缝内，并将腻子刮平（与石膏板面齐平）。石膏板表面如需进行装饰，应在腻子完全干燥后施工。

2）楔形边纸面石膏板顶棚嵌缝。楔形边纸面石膏板顶棚嵌缝一般采用三道腻子：

① 第一道腻子：应用刮刀将嵌缝腻子均匀饱满地嵌入缝内，将浸湿的穿孔纸带贴于缝处，用刮刀将纸带用力压平，使腻子从孔中挤出，然后再薄压一层腻子。最后用嵌缝腻子将石膏板上的所有钉孔填平。

② 第二道腻子：第一道嵌缝腻子完全干燥后，再覆盖第二道嵌缝腻子，使其略高于石膏板表面，腻子宽200mm左右。另外，在钉孔上也应再覆盖腻子一道，宽度较钉孔大25mm

左右。

③ 第三道腻子：第二道嵌缝腻子完全干燥后，再薄压一层 300mm 宽的嵌缝腻子，用清水刷湿边缘后用抹刀拉平，使石膏板面交接平滑。钉孔第二道腻子上也应再覆盖一层嵌缝腻子，并用力拉平使其与石膏板面交接平滑。

3. 质量要求

1）吊顶的标高、尺寸、起拱和造型应符合设计要求。

2）面层材料的材质、品种、规格、图案、颜色和性能应符合设计要求及国家现行标准的有关规定。

3）整体面层吊顶工程的吊杆、龙骨和纸面石膏板的安装应牢固。

4）吊杆和龙骨的材质、规格、安装间距及连接方式应符合设计要求。金属吊杆和龙骨应经过表面防腐处理。

5）纸面石膏板的接缝应按其施工工艺标准进行板缝防裂处理。安装双层板时，面层板与基层板的接缝应错开，并不得在同一根龙骨上接缝。

4. 成品保护

1）轻钢龙骨及纸面石膏板安装应注意保护顶棚内的各种管线。轻钢龙骨的吊杆龙骨不准固定在通风管道及其他设备上。

2）轻钢龙骨、纸面石膏板及其他吊顶材料在入场存放、使用过程中要严格管理，保证不变形、不受潮、不生锈。

3）施工顶棚部位已安装的门窗，已施工完毕的地面、墙面、窗台等应注意保护，防止污损。

4）安装完成的轻钢龙骨不得上人踩踏；其他工种的吊挂件不得吊于轻钢龙骨上。

5）为了保护成品，纸面石膏板安装必须在顶棚内管道、试水、保温等一切工序全部验收后进行。

6）安装纸面石膏板时，施工人员应戴线手套，以防污染板面。

5. 施工注意事项

1）顶棚施工前，顶棚内所有管线、空调管道、消防管道、供水管道等必须全部安装就位，并基本调试完成。

2）吊筋、膨胀螺栓应当全部做防锈处理。

3）为保证吊顶骨架的整体性和牢固性，龙骨接长的接头应错位安装，相邻三排龙骨的接头不应接在同一直线上。

4）顶棚内的灯槽、斜撑、剪刀撑等，应按具体设计施工。轻型灯具可吊装在主龙骨或附加龙骨上；重型灯具或电扇等不得与吊顶龙骨连接，而应另设吊钩吊装。

5）嵌缝石膏粉（配套产品）是以精细的半水石膏粉加入一定量的缓凝剂等加工而成，主要用于纸面石膏板嵌缝及钉孔填平等。

6）温度变化对纸面石膏板的线胀系数影响不大，但空气湿度则对纸面石膏板的线性膨胀和收缩产生较大影响。为了保证装修质量，避免干燥时出现裂缝，在湿度特别大的环境下一般不嵌缝。

轻钢龙骨纸面石膏板吊顶构造如图 5-34 所示。

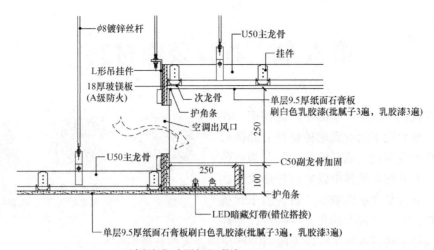

石膏板灯带+空调出风口做法　1:10

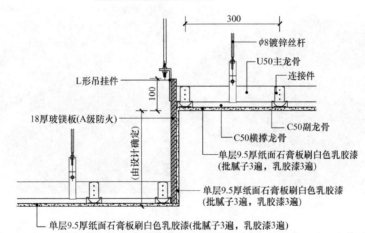

纸面石膏板吊顶(跌级横向)　1:10

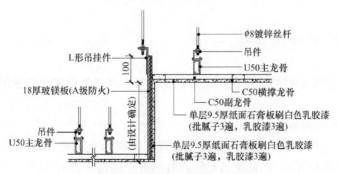

纸面石膏板吊顶(跌级纵向)　1:10

图5-34　轻钢龙骨纸面石膏板吊顶构造

随堂测试

简答题

轻钢龙骨石膏板吊顶施工工艺过程是什么？

第六章　石膏装饰材料

石膏在我们日常生产生活中广泛使用，在高倍的光学放大镜下能看到这种材料的晶体形状——通常呈致密块状或纤维状，颜色为白色或灰白色。石膏在自然界中以矿石的形式存在着，主要成分就是含水硫酸钙。石膏属于无机非金属材料，有一个很大的优点——可以循环利用，从理论上讲石膏甚至可以无限期循环使用。天然石膏如图 6-1 所示。

石膏基础
知识

其他石膏
装饰材料

轻钢龙骨石
膏板隔墙施
工工艺

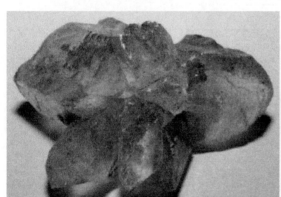

图 6-1　天然石膏

将石膏制成装饰材料，具有造型美观、表面光滑且细腻、质量小、吸声、保湿、防火等特点。

6.1　石膏装饰材料的基础知识

石膏是一种气硬性胶凝材料，能在空气中硬化，并且在空气中保持和发展其强度，但不能在水中凝结硬化。

1. 建筑装饰石膏的制备

生产石膏的原料主要是含有硫酸钙的天然石膏（又称为生石膏）或是含有硫酸钙的化工副产品和废渣（二水石膏）。制备建筑装饰石膏的方法是将天然石膏或二水石膏在干燥条件下加热至 107~170℃，脱去部分水得到熟石膏，这就是建筑装饰石膏。将熟石膏磨细会变成白色粉末。

2. 建筑装饰石膏的特点

建筑装饰石膏适用于室内的非承重隔墙、抹灰、地面找平、吊顶及其他装饰，其特点如下：

（1）安全　安全主要是指石膏具有特别优良的耐火性能。石膏与混凝土、砖等同属无机材料，具有不燃性；所不同的是它的最终水化产物二水硫酸钙中含有两个结晶水，其分解温度为 107～170℃。当遇到火灾时，只有等到其中的两个结晶水全部分解完毕后，温度才能继续升高；而且，在其分解过程中产生的大量水蒸气幕还能对火焰的蔓延起到阻隔的作用。

（2）舒适　舒适是指石膏具有暖性和呼吸功能成的。用天然石膏制成的石膏建材，与木材的平均热导率相近，具有与木材相似的暖性。石膏建材的呼吸功能源于它的多孔性，这些孔隙在室内湿度较大时，可将水分吸入；反之，室内湿度较小时，又可将孔隙中的水分释放出来，可自动调节室内的湿度，使人感到舒适。

（3）节能　在水泥、石灰、石膏三大胶凝材料的生产过程中，生成石膏所消耗的煅烧能耗是最低的，约为水泥的 1/4、石灰的 1/3。

（4）节材　以石膏墙体材料为例，普通轻钢龙骨纸面石膏板隔墙，每平方米耗材约30kg；80mm 厚的实心石膏砌块隔墙，每平方米耗材约 72kg；120mm 厚的实心砖隔墙，每平方米耗材约 100kg；现浇 100mm 厚的混凝土隔墙，每平方米耗材约 240kg。

（5）可循环使用　建筑装饰石膏一般是由二水石膏烧制而成的，水化后又变成二水石膏，由此，废弃的石膏建材经破碎、筛选、再煅烧后又可作为生产石膏建材的原料，不产生建筑垃圾。

（6）不污染环境　建筑石膏的烧成过程是将二水硫酸钙脱去 3/4 的水，变成半水硫酸钙，其排放出来的"废气"是水蒸气。各种石膏建材的生产和应用过程也都不排放废气、废渣、废水和对人体有害的物质，故不污染环境。

上述情况说明，建筑装饰石膏不仅是一种性能非常好的建材，而且是一种非常全面的绿色建材，完全符合我国循环经济和持续发展的方针，应大力推广使用。

6.2　石膏装饰制品

石膏装饰制品主要以石膏为主，加入麻丝、纸筋等纤维材料以增强石膏强度，可分为石膏板材类制品和艺术石膏类制品。石膏板材类制品主要有石膏装饰板、石膏装饰吸声板、石膏耐水板、石膏耐火板等。艺术石膏类制品主要有石膏装饰线、石膏装饰柱头、石膏装饰浮雕、石膏装饰花饰及石膏艺术造型等。下面以石膏板为例进行介绍。

1. 性质

石膏板是以石膏为主要原料，加入纤维、胶粘剂、稳定剂、经过混炼、压制、浇筑、干燥制成的。纤维一般选择玻璃纤维，以增加板材的强度。板面既可制成平面，也可制成有浮雕图案以及带小孔洞的装饰石膏板，具有防火、隔声隔热、质量小、强度高、收缩率小的特点，且稳定性较好、不老化、防虫蛀、施工简单。

2. 分类

按功能的不同，石膏板可分为以下几种：装饰石膏板、纸面石膏板、嵌装式装饰石膏板、耐火纸面石膏板、耐水纸面石膏板、吸声穿孔石膏板和布面石膏板。

（1）装饰石膏板　装饰石膏板是以建筑石膏板为主要材料，掺入适量的纤维、胶粘剂等，经搅拌、成型、烘干等工艺制成的不带护面纸的板材。装饰石膏板具有质量小、强度高、防潮、防火、防水等性能。

1) 产品常用规格。装饰石膏板产品常用规格见表 6-1。装饰石膏板一般为正方形，其棱角断面形式有直角形、倒角形两种。

表 6-1　装饰石膏板产品常用规格

长度/mm	宽度/mm	棱边厚度/mm
600	600	
1200	300	15
1200	600	

2) 产品性质与用途。装饰石膏板表面十分洁白，花纹图案较丰富，孔板和浮雕具有较强的立体感，给人以清新柔和的感觉，兼有质量小、保温、阻燃、调节室内温度等特点。装饰石膏板一般用于宾馆、商城、餐厅、礼堂、音乐厅、练歌房、影剧院、会议室、医院、幼儿园、住宅等建筑的墙面和吊顶装饰。

(2) 纸面石膏板　纸面石膏板是以建筑石膏（如天然石膏、脱硫石膏、磷石膏等）为主要原料，加入适量的纤维和添加剂制成板芯，与特制的护面纸牢固地粘在一起，并添加一定比例的水、淀粉、促凝剂及发泡剂，经混合、搅拌、成型、切断、烘干、定尺等工序制成的轻质装饰材料。纸面石膏板具有质量小、强度高、耐火、隔声、抗震、隔热、便于加工等特点。纸面石膏板具有不同形状的边角，有直角边、45°倒角边、半圆边、圆边、梯形边等。普通纸面石膏板为象牙色面纸，无论是涂刷底层还是直接作为最终装饰表面均可获得理想的效果。

1) 产品常用规格。纸面石膏板产品常用规格见表 6-2。

表 6-2　纸面石膏板产品常用规格

名称及执行标准	边形	长/mm	宽/mm	厚/mm	应用范围
《纸面石膏板》 GB/T 9775—2008	梯形边	3660	1220	9.5	用于各种轻钢龙骨石膏板隔墙、贴面墙、曲面墙以及各种平面吊顶及曲面吊顶
		3000	1200	12、8.5	
	直角边	2440	900	12、7、9	
		2400	900	15	

2) 产品性质与用途。普通纸面石膏板具有质量小、抗冲击能力强、抗弯强度高、韧度好、握钉性能好、发泡率适中、单位面积重量适中、护面粘结牢固、不脱纸、可干法作业、工期短、饰面工序简易等特点，主要用于室内吊顶装饰及墙面装饰。一般情况下，层高在 2.6~6m 的吊顶，均可选用纸面石膏板，如宾馆、商场、练歌房、小会议室、医院、幼儿园、住宅等建筑的墙面和吊顶装饰。

3) 如何选择纸面石膏板。

① 关注纸面的差别。因为纸面石膏板的强度有 70% 以上来自纸面，所以纸面是保证石膏板强度的一个关键因素。纸面的质量还直接影响到石膏板表面的装饰性能。好的纸面石膏板表面可直接涂刷涂料，差的纸面石膏板表面必须做满批后才能继续施工。

② 石膏芯体选材的差别。优质的纸面石膏板选用高纯度的石膏矿作为芯体材料的原材

料，而劣质的纸面石膏板对原材料的纯度缺乏控制。纯度低的石膏矿中含有大量的有害物质，这些有害物质会显著影响石膏板的性能，如黏土和盐分会影响纸面和石膏芯体的粘接性能等。从外观上可看出，好的纸面石膏板的板芯很白；而差的纸面石膏板的板芯泛黄（含有黏土），颜色暗淡。

③ 关注纸面粘接。用裁纸刀在石膏板表面划一个45°角的"叉"，然后在交叉的地方揭开纸面进行观察，优质的纸面石膏板的纸张依然完好地粘接在石膏芯体上，石膏芯体没有裸露；而劣质纸面石膏板的纸张则可以撕下大部分甚至全部被撕下，石膏芯体完全裸露出来。

（3）嵌装式装饰石膏板　嵌装式装饰石膏板是以建筑石膏为主要原料，加入适量的纤维增强材料和添加剂，与水一起搅拌成均匀的料浆，经浇筑制成的不带护面纸的石膏板材。板材背面四边加厚，带有嵌装企口；板材正面为平面、带孔或带浮雕图案。现在市面上多用嵌装式吸声石膏板，它是一种带一定数量穿透孔洞的嵌装板面，在背面复合吸声材料，使其成为具有一定吸声特性的板材，常与T形铝合金龙骨配套用于吊顶工程。

1）产品常用规格参考装饰石膏板。

2）产品性质与用途。嵌装式装饰石膏板的性质与装饰石膏板相同。它与装饰石膏板的区别在于嵌装式装饰石膏板在安装时只明嵌在龙骨上，不再需要另行固定，整个施工过程装配化，并且任意部位的板材可随意拆卸或更换，极大地方便了施工并提高了施工效率。嵌装式装饰石膏板主要用于吸声要求较高的建筑物内部装饰，如音乐厅、礼堂、教室、影剧院、演播室、录音棚等。使用嵌装式装饰石膏板时必须选用与之配套的龙骨材料。

（4）耐火纸面石膏板　耐火纸面石膏板是以建筑石膏为主要原料，掺入适量的耐火材料和大量的玻璃纤维制成耐火芯材，耐火芯材与建筑石膏牢固粘结成型，并与耐火的粉红色护面纸紧密地连接在一起，再经压制而成。耐火纸面石膏板制品如图6-2所示。

在具备普通纸面石膏板优良特性的基础上，耐火纸面石膏板还具有以下特点：具有优异的耐火性，加入耐火玻璃纤维及特殊添加剂后，耐火稳定性达到45min，满足国家标准；选择多样化，规格、品种齐全，可根据不同耐火要求选择不同厚度、不同规格的耐火纸面石膏板。耐火纸面石膏板主要用于防火等级要求较高的建筑室内装饰，特别适合于防火性能要求较高的吊顶、隔墙等。

图6-2　耐火纸面石膏板制品

（5）耐水纸面石膏板　耐水纸面石膏板是以建筑石膏为原材料，采用高性能耐水护面纸与建筑石膏牢固粘接在一起，经压制成型制成的。护面纸呈绿色，护面纸及板芯经过特殊处理，具有良好的耐水性能和憎水性能。耐水纸面石膏板制品如图 6-3 所示。

在具备普通纸面石膏板优良特性的基础上，耐水纸面石膏板还具有以下特点：具有优异的耐水性，石膏板板芯吸水率很低，符合国家标准规定的不大于 10% 的要求；经过特殊工艺处理过的护面纸，能显著降低表面吸水率，符合国家规定的不大于 $160g/m^2$ 的要求；选择多样化，规格多样，可根据耐水需要选择不同规格的耐水纸面石膏板。耐水纸面石膏板适用于卫生间、厨房及湿度较高的空间。

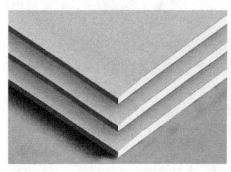

图 6-3　耐水纸面石膏板制品

（6）吸声穿孔石膏板　吸声穿孔石膏板以特制的高强度纸面石膏板为基材，板芯加入特殊的增强材料，经穿孔、切割、粘涂布、干燥等工序制成，是优秀的吊顶、隔墙吸声材料。吸声穿孔石膏板制品如图 6-4 所示。

吸声穿孔石膏板具有以下特点：

1）由于板面穿孔，能吸收声波能量。

2）通过不同孔径、孔距、穿孔率及孔腔的组合，能有效调整室内混响时间，对低频声波的吸收尤为显著。

3）特殊配方、特制基材能满足强度要求。

4）孔形多样、组合丰富，可根据吸声及装饰需要进行不同选择。

5）采用干法作业，工期较短，施工便捷，经济高效。

6）饰面工序简单，可直接辊涂涂料。

7）饰面图案多样，纹理丰富，颜色齐全，美观环保。

8）作为高档装饰装修材料，可满足个性化装饰需求，可用于对吊顶、隔墙的视觉效果、清洁度、声环境有较高要求的政府大楼、酒店、写字楼、体育馆、学校、医院、住宅等。

（7）布面石膏板　布面石膏板采用布纸复合新工艺，板身不裂纹，接缝不开裂，附着力远超纸面石膏板。布面石膏板制品如图 6-5 所示。

布面石膏板由于采用了新的生产技术和复合材料制作，因此在使用的过程中其强度要超过传统的纸面石膏板，而且在安装时布面石膏板不会像纸面石膏板那样容易脱落。布面石膏板具有刚度大、不开裂、耐酸碱的优点，以石膏为凝固材料，常用改性糯米等作为特殊合剂，其常见规格为 $1200mm \times 2400mm \times 8mm$。

图 6-4　吸声穿孔石膏板制品

图 6-5　布面石膏板制品

6.3　其他石膏装饰材料

1. 石膏线

石膏线以石膏为主，加入骨胶、麻丝、纸筋等纤维，可以增强石膏的强度，一般用于室内墙体构造，是断面形状为"一"字形或 L 形的条状装饰部件，如图 6-6 所示。石膏线多用高强度石膏或加筋建筑石膏制作，用浇注法成型，其表面呈弧形和雕花。

（1）石膏线长度　石膏线的长度一般是每根 2.5~3m。

（2）石膏线宽度　石膏线的宽度一般是 8~15cm。

2. 石膏艺术廊柱

石膏艺术廊柱属于仿欧洲建筑流派风格造型，分上、中、下三部分，如图 6-7 所示。其中，上部为柱头，有盆状、漏斗状或花篮状等；中部为方柱体或空心圆；下部为基座。石膏艺术廊柱多用于厅堂及门窗洞口处。

3. 粉刷石膏

粉刷石膏是一种新型的抹灰材料，是无水石膏和半水石膏的混合。粉刷石膏用于内墙装修时，在使用前只需将清水混凝土墙表面上的灰尘、腻子、污垢等清除干净，即可使用粉刷石膏进行抹灰，并且一次成功率较高，施工速度快。

在施工作业效率上，使用粉刷石膏可减少水泥砂浆抹灰时的筛砂、搅拌、运送等繁杂工序，这样就显著节约了人工，缩短了装修作业时间，粉刷石膏的工期一般只有传统水泥砂浆

图 6-6　石膏线制品

图 6-7　石膏艺术廊柱的应用

抹灰的 1/2 左右。同时，这种新材料在施工时无落地灰，有效地降低了工程成本。在质量上，与水泥砂浆相比，粉刷石膏凝结时间快、早期强度高，具有较强的粘结度，克服了传统水泥砂浆抹灰时易出现空鼓、开裂等质量问题的通病，减少了返工。用粉刷石膏抹成的墙面质感细腻、白度高，整体墙面装饰效果好。

粉刷石膏的经济效益也很可观，用于清水混凝土墙面抹灰时，价格明显低于传统的水泥砂浆，可节约资金，在大面积建筑内墙装修时可取得一定的经济效益。

4. 石膏砌块

石膏砌块主要用于框架结构和其他结构建筑的非承重墙体，一般用于内隔墙。若采用合适的固定及支撑结构，墙体还可以承受较大的荷载（如挂载吊柜、热水器、厕所用具等）。掺入特殊添加剂的石膏砌块，可用于浴室、厕所等空气湿度较大的场合。石膏砌块以建筑石膏和水为主要原料，经搅拌、浇注、成型和干燥制成；或加轻质料以减小其质量，或加水泥、外加剂等以提高其耐水性和强度。石膏砌块分为实心砌块和空心砌块两类，规格多样。目前，石膏砌块的主要规格为（600/666）mm × 500mm ×（60/80/90/100/110/120）mm，四边均带有企口和榫槽，施工非常方便，是一种优良的非承重内隔墙材料。石膏砌块制品如图 6-8 所示。

5. 玻璃纤维增强石膏板

玻璃纤维增强石膏板是一种特殊改良纤维石膏装饰材料，造型的随意性使其成为要求个

图6-8　石膏砌块制品

性化的建筑师的优选，它独特的材料构成方式足以抵御外部环境造成的破损、变形和开裂。玻璃纤维增强石膏板可制成各种平面板、各种功能型产品及各种艺术造型，如图6-9所示。

图6-9　玻璃纤维增强石膏板的应用

玻璃纤维增强石膏板的特点：

（1）具有无限可塑性　玻璃纤维增强石膏板选型丰富，可做成任意造型，采用预铸式加工工艺可以定制单曲面、双曲面、三维覆面等几何形状以及镂空花纹、浮雕图案等艺术造型。

（2）具有调节室内湿度的能力　玻璃纤维增强石膏板的表面具有大量的微孔结构，在自然环境中，微孔可以吸收或者释放水分，当室内温度高、湿度小的时候，玻璃纤维增强石膏板逐渐释放微孔中的水分；当室内温度低、湿度大的时候，玻璃纤维增强石膏板会吸收空气中的水分，这种吸收和释放就形成了材料的呼吸作用。这种吸收和释放水分的循环变化起到调节室内相对湿度的作用，能够为工作和居住环境创造舒适的小气候。

（3）轻质高强　玻璃纤维增强石膏板平面部分的标准厚度为3.2～8.8mm（特殊要求可以加厚），每平方米质量仅为4.9～9.8kg，能在满足大板块吊顶分割需求的同时，减少主体质量及构件负载。玻璃纤维增强石膏板强度较高，断裂荷载大于1200N，弯曲强度达到20～25MPa（ASTM D790测试方式），抗拉强度达到8～15MPa（ASTM D256测试方式）。

（4）具有良好的声学反射性能　玻璃纤维增强石膏板具有良好的声学反射性能，30mm厚度、单片质量为48kg的玻璃纤维增强石膏板，声学反射系数大于等于0.97，符合专业声学反射要求。经过良好的造型设计，玻璃纤维增强石膏板可构成良好的吸声结构，达到隔声、吸声的目的，适用于大剧院、音乐厅等。

（5）具有不变形、不龟裂的优良特性　因石膏本身热膨胀系数低、干湿收缩率小，使制成的玻璃纤维增强石膏板不受环境冷、热、干、湿变化影响，性能稳定且不变形。独特的玻璃纤维加工工艺使玻璃纤维增强石膏板不龟裂，使用寿命长。

（6）具有优越的防火性能　玻璃纤维增强石膏板防火性能优越，阻燃性能达到 A 级，可按《建筑材料及制品燃烧性能分级》（GB 8624—2012）施工。

6.4　石膏装饰材料施工工艺

石膏装饰材料施工工艺主要是轻钢龙骨石膏板隔墙施工。轻钢龙骨石膏板隔墙是以厚度为 0.5 ~1.5mm 的镀锌钢带、薄壁冷轧退火卷带或彩色喷塑钢带为原料，经辊压制成的轻质隔墙骨架支撑材料。薄壁轻钢龙骨与石膏板组合，即可组成隔断墙体，如图 6-10 所示。

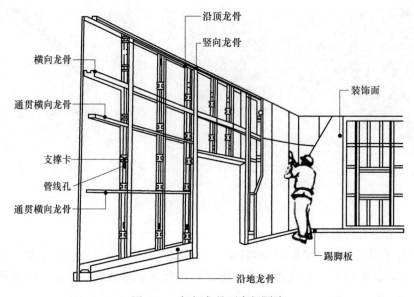

图 6-10　轻钢龙骨石膏板隔墙

1. 主要材料及配件要求

（1）轻钢龙骨主件　沿顶龙骨、沿地龙骨、加强龙骨、竖向龙骨、横向龙骨等应符合设计要求。

（2）配件　支撑卡、卡托、角托、连接件、固定件、附墙龙骨、压条等配件应符合设计要求。

（3）紧固材料　射钉、膨胀螺栓、镀锌自攻螺钉、木螺钉和粘结嵌缝材料应符合设计要求。

（4）填充材料与隔声材料　填充材料与隔声材料按设计要求选用。

（5）罩面板材　纸面石膏板的规格、厚度由设计人员或按图纸要求选定。

2. 主要机具、材料

轻钢龙骨石膏板隔墙施工主要机具、材料如图 6-11 所示。

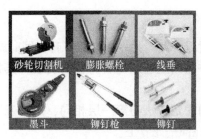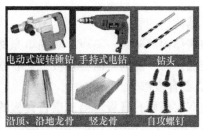

图 6-11 轻钢龙骨石膏板隔墙施工主要机具、材料

3. 作业条件

1）施工前应先完成基本的验收工作，石膏板安装应待屋面、顶棚和墙面抹灰完成后进行。

2）设计要求隔墙有地枕带时，应待地枕带施工完毕并达到设计要求后，方可进行轻钢龙骨的安装。

3）根据设计施工图和材料计划，核查隔墙施工的全部材料，要求配套齐备。

4）所有的材料必须有材料检测报告和合格证。

4. 工艺流程

清理基层→放线→安装门洞口框→安装沿顶龙骨和沿地龙骨→竖向龙骨分档→安装竖向龙骨→安装横向卡档龙骨→安装石膏板→接缝做法→墙面装饰。

5. 操作工艺

（1）清理基层　应按设计要求将基层清理干净。

（2）放线　根据施工图在已做好的地面或地枕带上放出隔墙位置线、门窗洞口边框线，并放好沿顶龙骨位置线。

（3）安装门洞口框　放线后按设计要求，将隔墙的门窗洞口框安装完毕。

（4）安装沿顶龙骨和沿地龙骨　按已放好的隔墙位置线安装沿顶龙骨和沿地龙骨，要固定于主体上，龙骨之间的距离一般为600mm。

（5）竖向龙骨分档　根据隔墙位置线和门窗洞口边框线，在安装完沿顶龙骨和沿地龙骨后，按石膏板的规格对竖向龙骨进行分档，不足模数的分档应避开门窗洞口边框第一块石膏板的位置，使破边石膏板不在靠近门窗洞口边框处。

（6）安装竖向龙骨　按分档位置安装竖向龙骨，竖向龙骨上下两端插入沿顶龙骨及沿地龙骨中，调整垂直度及定位准确后，用拉铆钉固定；靠墙龙骨及柱边龙骨用射钉或木螺钉与墙、柱固定，钉距为1000mm。

（7）安装横向卡档龙骨　根据设计要求，隔墙高度大于3m时应加横向卡档龙骨，采用抽芯铆钉或螺栓固定。

（8）安装石膏板

1）检查龙骨安装质量、门窗洞口框是否符合设计及构造要求、龙骨间距是否符合石膏板宽度的模数要求。

2）先安装墙体一侧的纸面石膏板，并从门口处开始，无门洞口的墙体由墙的一端开始。石膏板一般用自攻螺钉固定，板边钉距为200mm，板中钉距为300mm。螺钉距石膏板边缘的距离不得小于10mm，也不得大于15mm。用自攻螺钉固定时，纸面石膏板必须与龙骨紧靠。

3）安装墙体内的管线。

4）安装墙体内的防火、隔声、防潮填充材料，要与另一侧纸面石膏板同时施工。

5）安装墙体另一侧的纸面石膏板，安装方法同之前纸面石膏板的安装，其接缝应与之前安装的纸面石膏板错开。

6）安装双层纸面石膏板。第二层石膏板的固定方法与第一层相同，但第三层石膏板的接缝应与第一层错开，不能与第一层的接缝落在同一龙骨上。

（9）接缝做法　纸面石膏板接缝做法有三种形式，即平缝、凹缝和压条缝，均可按以下程序处理：

1）刮嵌缝腻子。刮嵌缝腻子前先将接缝内的浮土清除干净，用小刮刀把腻子嵌入板缝，要与板面填实刮平。

2）粘贴拉结带。待嵌缝腻子凝固后即可粘贴拉结带，先在接缝上薄刮一层稠度较稀的胶状腻子，厚度为1mm，宽度为拉结带宽；随即粘贴拉结带，用中刮刀从上而下沿一个方向刮平压实，赶出腻子与拉结带之间的气泡。

3）刮中层腻子。拉结带粘贴后，立即在上面再刮一层比拉结带宽80mm左右、厚度约1mm的中层腻子，使拉结带埋入这层腻子中。

4）找平腻子。用大刮刀将腻子填满楔形槽，并与石膏板抹平。

（10）墙面装饰　根据设计要求，轻钢龙骨石膏板隔墙表面可做各种饰面。

6. 质量标准

1）隔墙所用龙骨、配件、石膏板、填充材料及嵌缝材料的品种、规格、性能和木材的含水率应符合设计要求。有隔声、隔热、阻燃和防潮等特殊要求的工程，材料应有相应性能等级的检验报告。

2）隔墙地梁所用材料、尺寸及位置等应符合设计要求，隔墙的沿地、沿顶及边框龙骨应与基体结构连接牢固。

3）隔墙中龙骨的间距和构造、连接方法应符合设计要求。龙骨内设备管线的安装、门窗洞口等部位加强龙骨的安装应牢固、位置正确。填充材料的品种、厚度及设置应符合设计要求。

4）隔墙的石膏板应安装牢固，无脱层、翘曲、折裂及缺损。石膏板所用接缝材料的接缝方法应符合设计要求。

7. 成品保护

1）施工中，工种之间应保证已装项目不受损坏，墙内管线及设备不得碰撞错位及损伤。

2）轻钢龙骨及纸面石膏板入场后，在存放、使用过程中应妥善保管，保证不变形、不受潮、不污染、无损坏。

3）施工部位已安装的门窗、地面、墙面、窗台等应注意保护，防止损坏。

4）已安装完的墙体不得碰撞，保持墙面不受损坏和污染。

8. 应注意的质量问题

（1）墙体收缩变形及板面裂缝　原因是竖向龙骨紧顶着上、下龙骨，没留伸缩量；超过2m长的墙体未做控制变形缝，造成墙面变形。隔墙周边应留3mm的空隙，这样可以减少因温度和湿度影响产生的变形和裂缝。

（2）轻钢龙骨连接不牢固　原因是局部节点不符合构造要求。安装时局部节点应严格按图纸施工，钉固的间距、位置、连接方法应符合设计要求。

（3）墙体石膏板不平　多数由两个原因造成：一是龙骨安装发生横向错位；二是石膏板厚度不一致。安装时一定要保证龙骨位置准确，石膏板的厚度要一致。

轻钢龙骨石膏板隔墙构造如图 6-12 所示。

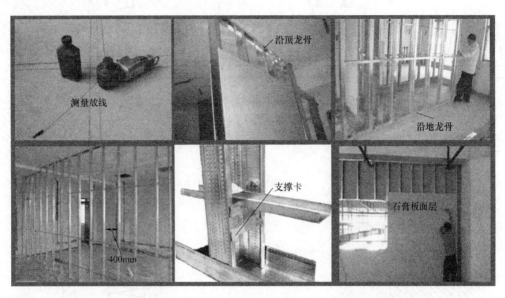

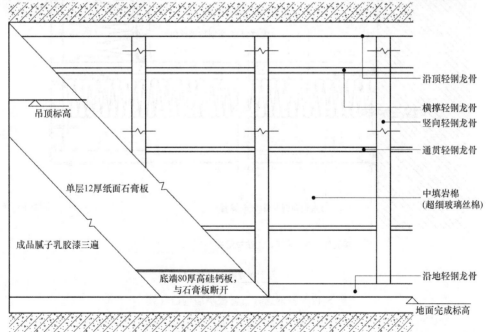

轻钢龙骨单层12厚石膏板隔墙示意图　1:5

注：一般房间采用75系列轻钢龙骨双面单层12厚石膏板隔墙，耐火极限≥0.5h。

图 6-12　轻钢龙骨石膏板隔墙构造

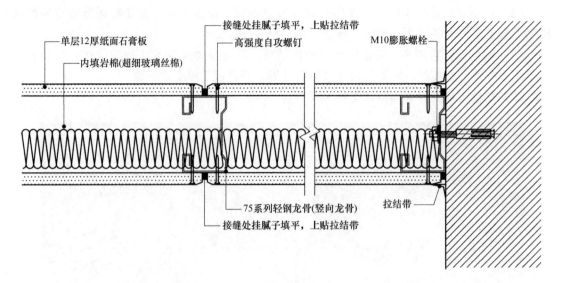

轻钢龙骨隔墙(横向) 1:2

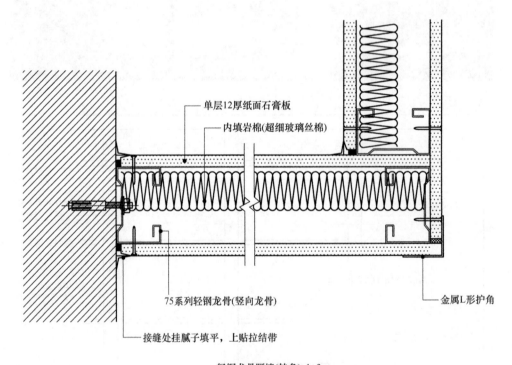

轻钢龙骨隔墙(转角) 1:3

图6-12 轻钢龙骨石膏板隔墙构造（续）

随堂测试

1. 单选题

（1）（　　）是一种气硬性胶凝材料，能在空气中硬化，并且在空气中保持和发展其强度，但是不能在水中凝结硬化。

A. 地板　　　　　　B. 石膏　　　　　　C. 涂料　　　　　　D. 纤维素

(2) 轻钢龙骨石膏板隔墙施工中，竖向龙骨上下两端插入沿顶龙骨及沿地龙骨中，调整垂直度及定位准确后，用（　　）固定；靠墙龙骨及柱边龙骨用射钉或木螺钉与墙、柱固定，钉距为 1000mm。

A. 拉铆钉　　　　　B. 铁钉　　　　　　C. 自攻螺钉　　　　D. 地板钉

(3) 耐火纸面石膏板的护面纸的颜色是（　　）。

A. 红色　　　　　　B. 粉红色　　　　　C. 绿色　　　　　　D. 黄色

(4) 轻钢龙骨石膏板隔墙施工中，为了防止出现墙体收缩变形和板面裂缝，隔墙周边应该留有（　　）的空隙。

A. 1mm　　　　　　B. 2mm　　　　　　C. 3mm　　　　　　D. 4mm

(5)（　　）是一种新型的抹灰材料，是无水石膏和半水石膏的混合。

A. 粉刷石膏　　　　B. 模型石膏　　　　C. 高强石膏　　　　D. 纸面石膏

2. 多选题

(1) 石膏类装饰制品主要有（　　）。

A. 石膏装饰线　　　　　　　　　　　　B. 石膏装饰柱头

C. 石膏装饰浮雕　　　　　　　　　　　D. 石膏装饰花饰

(2) 轻钢龙骨石膏板隔墙施工工艺流程有（　　）。

A. 放线

B. 安装沿顶龙骨和沿地龙骨

C. 竖向龙骨分档，安装竖向龙骨，安装横向卡档龙骨

D. 安装石膏板

(3) 玻璃纤维增强石膏板的特点（　　）。

A. 玻璃纤维增强石膏板具有无限可塑性

B. 玻璃纤维增强石膏板具有调节室内湿度的能力

C. 玻璃纤维增强石膏板轻质高强

D. 玻璃纤维增强石膏板具有良好的声学反射性能

(4) 墙体石膏板不平，原因有（　　）。

A. 缝隙没有处理好　　　　　　　　　　B. 采用了防火石膏板

C. 龙骨安装横向错位　　　　　　　　　D. 石膏板厚度不一致

(5) 轻钢龙骨石膏板隔墙施工中，常用轻钢龙骨主件有（　　）。

A. 沿顶龙骨　　　　B. 沿地龙骨　　　　C. 加强龙骨　　　　D. 竖向龙骨

第七章　涂料装饰材料

涂料，是一类可以应用于物体表面能在物体表面形成并牢固附着的连续固态薄膜的物料总称，可以经过刷涂、辊涂、喷涂、抹涂、弹涂等不同的施工工艺涂覆在建筑物内墙、外墙、顶棚、地面、卫生间等构件表面，如图 7-1 所示。这样形成的膜通称涂膜，又称为漆膜或涂层。目前，在具体的涂料品种命名时常用"漆"字表示"涂料"。

油漆的基础
知识

特种功能漆

建筑涂料是在一定的可操作条件下涂覆于建筑表面形成的漆膜，能起到保护、装饰的作用，并具有某些特殊功能（绝缘、防锈、防霉、耐热等），从而提升建筑的价值。

建筑涂料能够阻止或延迟空气中的氧气、水分、紫外线以及有害气体等引起的建筑物锈蚀、风化等破坏现象，延长建筑物的使用寿命，具有保护功能。

建筑涂料的首要作用在于覆盖建筑物表面的各种缺陷，保护建筑物表面，使其与周围的环境相协调，并美化环境；其次，设计师在进行室内装饰和室外装饰时，通过不同的装饰手法，建筑涂料能起到不同的装饰效果，具有装饰作用。

图 7-1　涂料装饰的应用

7.1　涂料的基础知识

7.1.1　涂料的组成

涂料的基本组成部分有主要成膜物质、次要成膜物质和辅助成膜物质，各组成部分的作用各不相同。

1. 主要成膜物质

主要成膜物质又称为胶粘剂或固着剂，它的作用是将其他组成部分粘结成一个整体，并能附着在被涂基层表面形成坚韧的保护膜。胶粘剂应具有较高的化学稳定性，多属于高分子化合物（如树脂）或成膜后能形成高分子化合物的有机物质（如油料）。

（1）树脂 油料形成的涂膜，在硬度、光泽、耐水、耐酸碱等方面不能满足较高的要求，因此需要采用树脂作为涂料的成膜物质。树脂分为天然树脂（虫胶、生漆等）、人造树脂（松香甘油酯等）和合成树脂（醇酸树脂、聚丙烯酸酯、环氧树脂、聚氨酯、氯碱化聚乙烯、聚乙烯醇系缩聚物、聚醋酸乙烯及其共聚物等）。

（2）油料 油料是制造某些油性涂料和油性基涂料的主要原料。涂料使用的主要是植物油料，按其能否干结成膜以及成膜速度，可分为干性油料（桐油、梓油、紫苏籽油等）、半干性油料（豆油、向日葵油、棉籽油等）和不干性油料（花生油、蓖麻油等）。

为满足涂料的多种性能要求，可以在一种涂料中采用多种树脂配合，或与油料配合，共同作为主要成膜物质。

2. 次要成膜物质

次要成膜物质是指涂料中的各种颜料。颜料本身不具备成膜能力，但它可以依靠主要成膜物质的粘结而成为涂膜的组成部分，起着给涂膜着色、增加涂膜质感、改善涂膜性质、增加涂料品种、降低涂料成本等作用。按照颜料在涂料中起的作用不同，可将颜料划分为着色颜料、体质颜料和防锈颜料。

（1）着色颜料 着色颜料的主要作用是赋予涂膜一定的颜色和遮盖能力，一般分为有机着色颜料、无机着色颜料两种。其中，无机着色颜料具有一定的防紫外线穿透作用，可以减轻有机高分子主要成膜物质的老化，提高涂膜的耐候性。建筑涂料经常在碱性基层（如砂浆或混凝土表面）上使用，而且与大气环境接触，因此要求着色颜料具有较好的耐碱能力和耐光性。有机着色颜料的耐候性较差，因而很少作为建筑涂料的着色颜料使用。

（2）体质颜料 体质颜料又称为填充料，为白色粉末，一般不具备着色能力和遮盖力。它只能增加漆膜的厚度，加强涂膜的质感，提高涂膜的耐磨性、耐候性和耐久性。

（3）防锈颜料 防锈颜料的作用是使涂膜具有良好的防锈能力，防止被涂覆的金属发生锈蚀。防锈颜料的主要品种有红丹、锌铬黄、氧化铁红、铝粉等。

3. 辅助成膜物质

辅助成膜物质不能单独构成涂膜，但对涂料的生产、涂饰施工以及涂膜的形成过程有重要影响。涂料中的辅助成膜物质有两类，一类是分散介质（即溶剂或稀释剂）；另一类是助剂（即辅助材料）。

（1）分散介质（稀释剂） 涂料在施工时的形态一般是具有一定稠度、黏度和流动性的液体，涂料中必须含有较大数量的分散介质。分散介质在涂料的生产过程中，能溶解、分散、乳化主要成膜物质或次要成膜物质；在涂饰施工中，既可以使涂料具有一定的稠度和流动性，还可以增强成膜物质向基层渗透的能力；在涂膜的形成过程中，少量的分散介质会被基层吸收，大部分会消失（挥发）在大气之中。分散介质有两类，一类是有机溶剂，另一类是水。常用的有机溶剂有松香水、酒精、200 号溶剂汽油、丙酮等。用有机溶剂作为分散介质的涂料称为溶剂型涂料，用水作为分散介质的涂料称为水溶性涂料。

（2）助剂 助剂是为改善涂料的性能、提高涂膜的质量而加入的辅助材料，加入量很少但种类很多，对改善涂料性能的作用十分显著。涂料中常用的助剂主要有以下几种：

1）催干剂。催干剂用于以油料为主要成膜物质的涂料，它的作用是加速油料的氧化、聚合、干燥成膜，并在一定程度上改善涂膜的质量。

2）增塑剂。增塑剂用于以合成树脂为主要成膜物质的涂料，它能增加涂膜的塑性和韧度。

3）固化剂。固化剂是能与涂料中的主要成膜物质发生化学反应而使其固化成膜的物质。

4）流变剂。流变剂主要用于乳液型涂料，它的加入可在涂料中建立起一种触变结构，这种结构的特点为：当进行涂饰作业时，可使涂料的流动性增加，便于流平；涂饰作业完成后，形成的湿涂膜的黏度显著增加，流动性降低，可防止湿涂膜产生流挂。

5）分散剂、增稠剂、消泡剂、防冻剂。在乳液型涂料中加入这些助剂，可以分别起到提高成膜物质在溶剂中的分散程度、增加乳液黏度、保持乳液体系的稳定性、改善涂料的流平性的作用。

6）紫外线吸收剂、抗氧化剂、防老化剂。这类助剂可以吸收阳光中的紫外线，抑制、延缓有机高分子化合物的降解、氧化破坏过程，提高涂膜的保光性、保色性和耐候性，延长涂膜的使用寿命。

另外，还有一些其他的助剂，如防霉剂、防腐剂、阻燃剂等，它们可以满足某些特殊需要。

7.1.2　涂料的分类

1）涂料按使用部位可分为墙地面涂料和木器涂料。其中墙地面涂料包括外墙涂料、内墙涂料、顶面涂料和地面涂料；木器涂料主要有硝基涂料和聚酯涂料。

2）涂料按主要成膜物质可分为有机涂料、无机涂料和复合涂料。

3）涂料按所用分散介质可分为水溶性涂料、乳液型涂料、溶剂型涂料和粉末型涂料。

4）涂料按装饰功能可分为平壁状涂料、砂壁状涂料和立体花纹状涂料。

5）涂料按特殊功能可分为防火涂料、防水涂料、防霉涂料和防结露涂料。

7.1.3　漆膜的主要技术性能要求

涂料只有经涂饰后形成漆膜才能起到保护、装饰等作用，影响漆膜性能的主要因素是涂料的组成成分及其体系特征。漆膜的主要技术性能要求见表7-1。

表7-1　漆膜的主要技术性能要求

技术要求	图例	注意事项
漆膜颜色		漆膜颜色与标准样品相比，应符合色差范围要求
遮盖力		涂料稀释量过大会导致漆膜太薄，遮盖力度差；涂料中颜料的着色力及含量对漆膜的遮盖力有较大影响，如颜料和基料的折光率差值越大，颜料的遮盖力就越强。另外，颜料的颗粒大小、分散程度及结构都会影响漆膜的遮盖力。施工时，应保证漆膜厚度适当、平整均匀，并且注意先涂饰浅色涂料，再涂饰深色涂料，这样遮盖效果比较好

（续）

技术要求	图例	注意事项
附着力		附着力表示漆膜与基层表面的黏结力，影响漆膜附着力的因素包括涂料主要成膜物质本身的质量、基层表面的性质及涂料处理方法。通常用十字划格法检测附着力，即在漆膜表面用特殊的划刀切割漆膜，然后用软毛刷沿格子对角线方向前后刷，以检查漆膜从底材分离的抵抗能力
黏结强度		黏结强度影响施工性能，不同的施工方法要求涂料有不同的黏度，如要求涂料具有触变性，上墙后既不流淌，抹压又很容易。黏度的大小主要决定于涂料内成膜物质和填料的质量及含量
耐污染能力		影响涂料耐污染能力的主要因素有以下四个方面：①漆膜表面不平整，导致积污；②漆膜表面发黏，易附着飘落污物；③漆膜硬度低，污染物易侵入漆膜；④漆膜亲水、疏松多孔，污水、携带污物的雨水渗透进入漆膜而沉积
耐久性		耐久性是指漆膜的经久耐用程度，耐久性一般包括耐冻融、耐洗刷、耐老化： 1. 耐冻融主要针对外墙涂料而言，外墙涂料由于季节气温的变化，引起反复的冻冰和融化，易使漆膜脱落、开裂、粉化或起泡。若涂料中成膜物质的柔性较好，有一定延伸性，耐冻融能力会较好 2. 耐洗刷主要是指漆膜在承受水介质反复冲刷时的性能，即在最终完全露底时，被擦洗的次数越多说明耐洗刷能力越好 3. 耐老化主要是指漆膜受大气中光、热、臭氧等因素作用使涂层发黏或变脆，失去原有强度和柔性，从而造成涂层老化
耐候性		涂料的耐候性是指涂料经受气候考验的能力，影响漆膜耐候性的主要因素有以下几个方面：①涂料自身的质量是影响漆膜耐候性的主要因素；②助剂的添加对漆膜的耐候性也有一定的影响，如添加抗老化剂可以增强漆膜的耐候性
耐水性		涂料的耐水性与防水涂料的防水性是两项完全不同的指标，耐水性好的涂料并不一定具有防水功能。提高漆膜的耐水性可以采取以下措施：①漆膜的耐水性来源于成膜物疏水，成膜物疏水要求选用疏水乳液；②漆膜表面要致密、连续、完美、光滑、平整，并有一定厚度的涂层，可以减少水分渗透；③涂料配方应尽量减少含水量，以提高涂料不挥发成分的比重；④在涂料中添加适量的疏水剂，使其在漆膜表面形成一层疏水膜，能有效阻挡水分渗透
耐碱性		耐碱性是指漆膜对碱侵蚀的抵抗能力。建筑涂料大多以混凝土、含石灰抹灰等碱性基层为装饰对象，耐碱性差的涂料漆膜会产生变色、褪色、脱落等。注意"耐碱性"和"返碱"是两个不同的概念："耐碱性"倾向于检验漆膜在碱性条件下是否被破坏；而"返碱"是指漆膜在碱性基材上出现碱性物质析出，漆膜一般并没有被破坏

7.2　内墙涂料

内墙涂料也可以用于顶棚涂料，它具有装饰和保护室内墙面和顶面的作用。为达到良好的装饰效果，要求内墙涂料具有色彩丰富、色调柔和、质地平滑细腻、透气性良好、耐碱、耐水、耐粉化、耐污染等特点。此外，内墙涂料还应便于涂刷、容易维修、价格合理等。

7.2.1　内墙涂料的种类

内墙涂料主要可以分为水溶性涂料、乳胶涂料、多彩涂料、仿瓷涂料和艺术涂料。

1. 水溶性涂料

水溶性涂料是将聚乙烯醇等物质溶解在水中，再在其中加入颜料等其他助剂制成。该类涂料具有价格便宜、无毒、无臭、施工方便等优点。由于其成膜物质是水溶性的，所以用湿布擦洗后总会留下部分痕迹；耐久性也不是很好，易泛黄、变色。水溶性涂料目前多为中低档居室或临时居室的室内墙面装饰选用。

2. 乳胶涂料（合成树脂乳液内墙涂料）

乳胶涂料是以合成树脂乳液为主要成膜物质，加入着色颜料、体质颜料、助剂，经混合、研磨制得的一种薄质内墙涂料。乳胶涂料以水为分散介质，随着水分的蒸发干燥成膜，施工时无有机溶剂溢出，因而无毒，并可避免施工时发生火灾；涂膜透气性良好，因而可以避免因涂膜内外温差导致的鼓泡。乳胶涂料适用于混凝土、水泥砂浆、水泥类、加气混凝土等基层。施工时，基层应清洁、平整、坚实、不太光滑，以增强涂料与墙体的黏结力；基层含水率应不大于10%，pH应在7~10，以防止基层因过分潮湿、碱性过强而导致出现涂层变色、起泡、剥落等现象。涂饰施工的适宜气候条件为环境温度15~25℃，空气相对湿度为50%~75%。

乳胶涂料之所以常用，主要是因为它有以下显著优点：①价格适中，经济实惠；②施工方便，消费者可自己涂饰；③颜色种类繁多，并且形成的漆膜不易褪色、变色；④耐碱性好，不易返碱；⑤遮盖力强；⑥高档乳胶涂料还具有水洗功能，易清洁、维护。

3. 艺术涂料

艺术涂料是一种新型的墙面装饰材料，采用现代高科技处理工艺，产品无毒、环保，具备防水、防尘、阻燃等功能，优质艺术涂料可洗刷、耐摩擦，色彩历久常新。艺术涂料与传统涂料最大的区别在于，传统涂料大都是单色乳胶涂料，所营造出来的效果相对较单一，产品所用模式也较相同；而艺术涂料即使只用一种涂料，由于其涂刷次数及加工工艺的不同，却可以达到不同的效果，一般不会有泛黄、褪色、开裂、起泡、发霉等问题出现，效果更自然，使用寿命更长。常见艺术涂料有马来漆、复层肌理漆、金属箔质感漆、液体壁纸、天然真石漆、仿石漆和硅藻泥。

（1）马来漆　马来漆制品如图7-2所示，漆面光洁，有石质效果。马来漆是一类由坡缕石、丙烯酸乳液等混合而成的浆状涂料，通过各类批、刮工具在墙面上进行批、刮操作，产生出各类纹理。其艺术效果明显，质地和手感较滑润，具体包括单色马来漆、混色马来漆、金银线马来漆、金银马来漆、幻影马来漆等。

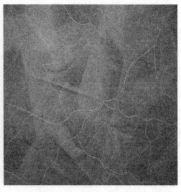

图 7-2　马来漆制品

（2）复层肌理漆　复层肌理漆又叫肌理壁膜，是一种新型墙面装饰漆种，因其具有独特的立体肌理、色彩、造型、花纹而广受欢迎。复层肌理漆是一种可以做出肌理效果的乳胶涂料，用其做出的墙面拥有"肌肤般"的手感，细腻、滑润，表面用肌理辊做出纹理、纹路效果，满足个性化的装饰要求，如图 7-3 所示。市面上大部分的乳胶涂料一般做不出纹路，即便是勉强做出，干燥后也会开裂。复层肌理漆与一般乳胶涂料的最大区别是做出的纹路不开裂、有弹性。复层肌理漆是乳胶涂料的换代升级产品，比乳胶涂料更环保、更有装饰性。

复层肌理漆分为两种，一种是纹理型，一种是肌理型，均可以直接在砂浆表面、板材表面、腻子表面直接施工，可以做到防粘贴、耐刮擦、不发霉。复层肌理漆包括拉毛漆、立体浮雕漆、金属浮雕漆、珠光肌理漆、薄浆艺术肌理漆和厚浆墙体艺术漆。

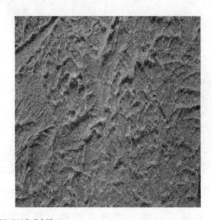

图 7-3　复层肌理漆制品

（3）金属箔质感漆　金属箔质感漆是由高分子乳液、纳米金属光材料、纳米助剂等原材料采用高科技生产技术合成的新产品，油脂中添加珠光颜料，适合于多种装修场合，具有金箔般的闪闪发光的效果，给人一种金碧辉煌的感觉，如图 7-4 所示。该产品高贵典雅、施工方便、物美价廉、装饰性极强，是新一代的装饰涂料。金属箔质感漆包括金箔漆、艺术金箔漆、银箔漆、彩绘铜箔漆等。

（4）液体壁纸　液体壁纸是一种新型艺术涂料，也称为壁纸漆。它是通过专用模具上的图案把面漆印制在干燥后的墙面上，从而具有壁纸般的装饰效果，如图 7-5 所示。从原料

图 7-4   金属箔质感漆制品

上来讲，它比壁纸环保性好得多。液体壁纸包括单色液体壁纸、双色液体壁纸、多色液体壁纸、幻彩液体壁纸等。

液体壁纸是一种全新概念的墙面涂料，它既能解决墙面涂料颜色单一无图案的缺点，也能改变传统墙纸翘边、接缝和变色的现象，同时又综合了两者的优点，具有色彩细腻、图案精致、防火、耐污染、防潮、抗菌、不易生虫、不易老化、可自由搭配等特点。液体壁纸具有很好的光泽度，同时也有极强的耐水性，清洁保养工作也较为简单。

液体壁纸的缺点是价格相对较高，施工时对墙面的要求比较高，施工难度比较大，施工周期也比较长。

图 7-5   液体壁纸的应用

（5）天然真石漆   天然真石漆是以不同粒径的天然碎石、石粉为主要原料，以合成树脂或合成树脂乳液为主要胶粘剂，并辅以多种助剂配制而成的。天然真石漆具有花岗岩、大理石等众多天然岩石的装饰效果，并具有逼真的质感，坚硬似石的饰面，给人以严肃、典雅、奢华的视觉感，如图 7-6 所示。天然真石漆的涂层由底漆层、真石漆面层和罩面层三层组成。

其中，底漆层须采用具有抗碱封闭作用的底漆，以隔绝并避免水分由基层混凝土渗入涂层，同时增强涂层与基面的附着力，防止涂层发生剥离。真石漆面层是饰面构成各种图案并体现平面感的主体，也是起各种维护作用的涂层。罩面层是饰面维护层，它既能增强真石漆面层的防水功用，又能强化整体涂层的耐候性、耐污染能力，并能加强涂层的硬度，使涂层

图7-6　天然真石漆的应用

外表面增加光泽，且便于清洗。

天然真石漆的优点：

1）天然真石漆色泽天然，石感强，具有与花岗石、大理石同样的装饰效果，且拥有耐候性好，耐老化，不变色，不泛黄，高温不流淌，低温不开裂、不发脆的特性，能有效地阻止外界恶劣环境对建筑物的侵蚀，延长建筑物的使用寿命。由于天然真石漆具备良好的附着力和耐冻融性能，因此特别适合在四季分明的地区使用。

2）适用面广，可用于水泥、泡沫、石膏、铝板、玻璃等多种基面，且可以随建筑物的造型任意涂装。

3）天然真石漆采用水性乳液，无毒环保，符合人们对环保的要求。

4）天然真石漆的漆膜具有坚硬、耐污染、自洁、耐洗刷等优点，且漆膜表面具有极佳的憎水性和耐水性，遇水不泛白。

5）天然真石漆与外墙面的附着力很强，且透气性能较好、阻燃，喷涂效果可以有效展现出天然大理石或花岗石的肌理和质感。

（6）仿石漆　仿石漆是艺术涂料中制作难度非常大的一类，是用涂料来仿做天然石材的装饰效果，其效果接近天然石材，但在硬度上略有欠缺。仿石漆与天然真石漆的区别在于：仿石漆具有造型仿石效果，属于弹性涂料，黏结性和触变性很强，它可塑性单一，没有天然真石漆那种坚硬的感觉。仿石漆包括仿花岗石漆、仿大理石漆、仿页岩漆、仿砂岩漆、仿洞石漆、仿风化石漆、仿云石漆等。例如市场上的水包水多彩涂料，学名为液态石，如其名称一般，水包水多彩涂料对于花岗石的仿真程度很高，是替代外墙花岗石的优秀产品。水包水多彩涂料为纯水溶性涂料，符合环保要求；又因含超高分子元素，施工完毕干燥后，具有耐磨损、抗静电、耐高温、防水、防龟裂、强度高、耐候性好等特性，易于保养和清洗，自洁性能优异，且可多色彩一次喷涂，施工十分方便。

（7）硅藻泥　硅藻泥是一种以硅藻土为主要原材料的功能型室内装饰壁材。硅藻泥本身无污染且有多种功能，不仅有很好的装饰性，还具有功能性，是替代壁纸和乳胶涂料的新一代室内装饰材料，如图7-7所示。硅藻泥作为"会呼吸的墙壁"，具有呼吸调湿功能，可以吸收或释放水分，自动调节室内空气湿度。硅藻泥表面的多孔性使硅藻泥不易形成结露，而乳胶涂料成膜后封闭性好，表面易结露，因水分是霉菌生长的必要养分，乳胶涂料易结露也就易长霉。硅藻泥主要成分为无机矿物原料，几乎不含有机质，所以不易为霉菌的生长提供额外的营养成分，霉菌自然无法滋生。不仅如此，硅藻泥还具有使用寿命长、防火阻燃、色彩柔和、吸声降噪、清理方便、隔热节能等众多优点。

图 7-7　硅藻泥制品

7.3　地面涂料

地面涂料是以树脂或乳液为成膜物质，主要涂覆于水泥砂浆地面形成一种耐久的装饰漆膜，以保护和装饰地面。地面涂料通常又称为地坪涂料。地面涂料按主要成膜物质的化学成分可分为乙烯类地面涂料、环氧地坪涂料、聚氨酯地面涂料、丙烯酸地面涂料、合成树脂厚质地面涂料等。现在，地面涂料正向水容性、无溶剂、高弹性、自流平、浅色、导电等方向发展。

7.3.1　环氧地坪涂料

环氧地坪涂料是一种强度高、耐磨损、美观的地面涂料，具有无接缝、质地坚实、耐化学药品腐蚀、防腐、防尘、保养方便、维护费用低廉等优点。环氧地坪涂料可根据不同的用途设计多种方案，如薄层涂装、1~5mm 厚的自流平地面、防滑耐磨涂装、砂浆型涂装、防静电涂装、防腐蚀涂装等。环氧地坪涂料的应用如图 7-8 所示。

环氧地坪涂料的适用范围：要求高洁净、美观、无尘、无菌的电子、微电子行业，实行 GMP（生产质量管理规范）标准的制药行业，以及要求耐磨、抗重压、抗冲击、防化学药品腐蚀的其他行业，也可用于学校、办公室等的地坪。

7.3.2　丙烯酸地面涂料

丙烯酸地面涂料又称为"亚克力"，涂饰后形成无缝漆面，如图 7-9 所示，施工时采取辊涂法或喷涂法均可。这种涂料的特性是附着力强、耐弱酸碱、耐候性好，防尘防水、施工方便、价格便宜、色彩多样，是一种装饰效果很好的多功能涂料。丙烯酸地面涂料适用于制药、微电子、食品、服装和化工等行业的厂房地面，也适用于室外运动场等场所的地面。

图 7-8 环氧地坪涂料的应用

图 7-9 丙烯酸地面涂料的应用

7.4 木器涂料

木材作为我国从古代就开始使用的建筑材料，与我们的生活是密不可分的。但由于木材结构复杂，会根据环境的湿度产生膨胀和收缩效应，以致最后变形，污浊物也极易侵入木材内部。为了使木材保持既有的装饰效果，就需要涂刷木器涂料以维护木材效果。木器涂料的应用如图 7-10 所示。

7.4.1 木器涂料的性能

木器涂料具有优良的附着性、耐水性、耐冲击性、耐磨性、耐污染能力、耐候性和耐霉变能力，能延长木材的使用寿命。漆膜饱满、有光泽，具有良好的耐光性和保色性。

7.4.2 木器涂料的种类

1. 硝基涂料

硝基涂料有硝基清漆（清漆）和硝基实色漆（手扫漆）两种，属挥发性油，特点是干

图 7-10 木器涂料的应用

燥快、光泽柔和、耐磨性和耐久性好，是一种高级涂料。其中，硝基清漆可分为亮光硝基清漆、半亚光硝基清漆和亚光硝基清漆三种。硝基涂料的缺点是高湿天气容易导致漆膜泛白、丰满度降低、硬度降低。

2. 聚酯涂料

聚酯涂料是用聚酯树脂作为主要成膜物质制成的一种厚质漆，它包括聚酯清漆和不饱和聚酯涂料等品种。聚酯涂料的漆膜丰满且厚实，有较高的光泽度、保光性、透明度，耐水性、耐化学药品腐蚀能力和耐温变性能较好。其缺点是附着力不强，漆膜硬且脆，抗冲击能力较差；而且，聚酯涂料在固化过程中，因其固化剂组成成分问题，会使家具漆面及邻近的墙面泛黄。另外，其固化剂组成成分还会对人体造成伤害。聚酯清漆能充分显现木纹质感；不饱和聚酯涂料只适用于平面涂装，在垂直面、曲线上涂刷容易流挂。聚酯涂料主要用于高级家具、钢琴等表面的涂装。

3. 聚氨酯涂料

聚氨酯涂料包括聚氨酯清漆和聚氨酯实色漆。聚氨酯涂料的优点是漆膜坚硬、光泽度好、附着力强，且耐磨性、柔韧性、耐水性、耐寒性都比较好。其缺点是干燥慢，保色性能差，遇潮漆膜易起泡、粉化等。另外，与聚酯涂料一样，存在泛黄问题。聚氨酯涂料被广泛用于高级木器家具、木地板的表面涂装。

4. 醇酸涂料

醇酸涂料主要是以醇酸树脂为主要成膜物质制成的。醇酸涂料包括醇酸清漆和醇酸实色漆。其优点是光泽度好、附着力强、耐候性好、价格便宜、施工简单；但漆膜较脆、干燥速度慢、耐水性和耐热性较差，不易达到较高的装饰要求。醇酸涂料主要用于涂刷要求不高的木质门窗、家具和金属表面等。

5. 丙烯酸树脂涂料

丙烯酸树脂涂料是一种高级木器涂料，它的漆膜饱满、光亮、坚硬，具有良好的耐候性、耐光性、耐热性、耐霉变能力、耐水性、耐化学药品腐蚀能力、保色性及附着力，施工方便；它的缺点是漆膜较脆，耐寒性较差。

7.5 特种功能涂料

特种功能涂料是指在涂料装饰材料中，它们不仅要具备涂料装饰材料的各项必要指标，还要具备各自独特的功能，如防水、防火、防霉、防腐等功能，成为涂料装饰材料中不可缺少的品种。

7.5.1 防水涂料

防水涂料的主要成膜物质有合成高分子聚合物、沥青、水泥等，再加入各种助剂、改性材料、填充材料等制成，可分为溶剂型防水涂料、水乳型防水涂料和粉末型防水涂料。防水涂料一般涂刷在建筑物的屋顶、地下室、卫生间、浴室和外墙等需要进行防水处理的基层表面上，通过溶剂的挥发和水分的蒸发，固化后形成一层无接缝的防水漆膜。这层漆膜使建筑物表面与水隔绝开，对建筑物起到防水与密封作用，可在常温条件下形成整体的、具有一定厚度的涂料防水层，对水、气候、酸碱腐蚀有良好的耐受能力，并拥有优异的延展性能，也能适应基层的局部变形。防水涂料的应用如图 7-11 所示。

图 7-11 防水涂料的应用

7.5.2 防火涂料

防火涂料又称为阻燃涂料，它是一种涂刷在建筑物某些易燃材料表面上，能够提高材料的耐火能力，为人们提供一定的灭火时间的涂料，如图 7-12 所示。

防火涂料一般分两种：

（1）密封性涂料 这是一种聚合物，耐燃性能很强，它能隔断木材与火焰的直接接触，在木材表面形成密封保护层。但它不能阻止木材的温度上升，当木材细胞空隙中的空气被加热膨胀后会破坏漆膜，使其丧失阻燃作用。另外，漆膜在使用过程中会因环境因素发生老化，需定期维护。

（2）膨胀性涂料 这种涂料在木材着火之前很快燃烧，产生不燃性气体，而且气体很快膨胀，在木材表面形成保护层，使木材热分解形成的可燃气体难以被外部火源点燃，也就不能形成火焰燃烧，达到阻燃效果。但这种涂料外观性能较差，而且必须经常维护才能保持有效的阻燃作用。有的膨胀性涂料是以天然或人工合成的高分子聚合物为基料，添加发泡剂、助剂、碳源等阻燃成分构成的，在火焰作用下可形成均匀且致密的蜂窝状或海绵状的泡沫层，这种泡沫层不仅有良好的隔氧作用，而且有较好的隔热效果。这种泡沫层较疏软，可塑性很强，经高温灼烧不易破裂。

图 7-12 涂有防火涂料的建筑材料

7.5.3 防霉涂料

在霉菌容易滋生的环境中，建筑物表面涂刷上防霉涂料以后，不仅能防止建筑物发霉，而且还具有较好的装饰作用。普通涂料一般由基料、填料、分散剂、助剂、增稠剂、消泡剂和中和剂等组成，而防霉涂料与普通涂料的根本区别在于防霉涂料在制造过程中加入了一定量的霉菌抑制剂。常用的霉菌抑制剂有五氯酚钠、醋酸苯汞、多菌灵、百菌清等，其中五氯酚钠和醋酸苯汞毒性较大，使用时应小心。

7.5.4 耐高温涂料

耐高温涂料是一种功能性涂料，能够在一定时限内和一定温度内，暴露于高温环境下不会发生氧化腐蚀或介质腐蚀，达到保护基层的目的。耐高温涂料一般分为有机硅系列和无机硅系列，主要适用于钢铁冶炼、石油化工等高温生产车间及高温热风炉的内外壁等需要高温保护的部位。耐高温涂料的应用如图 7-13 所示。耐高温涂料的基本特点如下：

1）能有效抑制太阳光线的辐射热。

2）漆膜耐热性和耐候性较好。

图 7-13 耐高温涂料的应用

3）具有抗氧化、耐腐蚀、绝缘、防水的能力。

4）附着力强、自重轻、施工方便、使用寿命长。

7.5.5 防锈涂料

防锈涂料可保护金属表面免受大气、海水等的腐蚀，因它具有斥水作用，因此防锈效果很好。防锈涂料具有施工方便、无粉尘、价格合理、使用寿命长的特点，可分为物理性防锈涂料和化学性防锈涂料两大类。前者靠颜料和漆料的

图 7-14 防锈涂料的应用

适当配合形成致密的漆膜，以阻止腐蚀性物质的侵入，如铁红铝粉防锈涂料、石墨防锈涂料等；后者靠防锈颜料的化学抑锈作用来阻止腐蚀，如红丹防锈涂料、环氧锌黄防锈涂料等。防锈涂料的应用如图 7-14 所示。

7.6　涂料装饰材料施工工艺

7.6.1　内墙乳胶涂料施工工艺

内墙乳胶涂料的施工环境通常为施工当地的气象条件，环境会影响涂料成膜的质量。具体来说，内墙乳胶涂料施工和保养的温度应高于 5℃，湿度应低于 85%，以保证成膜良好。一般内墙涂料的保养时间为 7d（25℃），遇低温应适当延长。室内要保证良好的通风，避免在灰尘大的环境中施工。

1. 工艺流程

基层处理→批腻子→干燥、打磨→涂刷封固底漆→涂刷面漆。

2. 操作工艺

（1）基层处理　清理墙面的灰尘、残浆和油渍以及原有墙面的渗碱和霉菌滋生物。墙面要保证无粉化松脱物，墙面原有涂层要完好，清洁表面后可按工艺步骤直接施工。如原有涂层有粉化、起泡、开裂、剥落现象，需彻底清除原有漆膜后再重新涂刷。凡有缺棱、掉角之处，应用水泥砂浆修补平整。基层要求八成干燥，太湿会造成涂层干燥过慢，遮盖力变差，涂层结膜后会出现水渍或色泽不一致的现象。贴有墙纸的墙面应先撕掉墙纸，洗去胶水，晾干后再施工。玻璃纤维表面可直接涂刷面漆。

（2）批腻子　腻子按基层材料配制，一般将双飞粉（大白粉）、108 胶、熟胶粉等按合理比例调制。基层表面的缝隙、孔眼、麻面和塌陷不平处用腻子进行刮涂。批腻子施工要求抹灰面密实平整，要注意批腻子时宜薄批而不宜厚刷。

（3）干燥、打磨　墙面、顶棚批腻子后，应干燥 12h，待其干燥后用 400 号砂纸打磨腻子表面，磨平突出部位并修补缺陷。

（4）涂刷封固底漆　涂刷顺序为先顶棚后墙面，涂刷时应连续、迅速操作，一次刷完。涂刷时应均匀，不能有漏刷、流挂等现象。封固底漆可有效地封固墙面，形成耐碱防霉的漆膜以保护墙壁。其附着力很强，可防止乳胶涂料咬底、龟裂。

（5）涂刷面漆　涂刷顺序为先顶棚后墙面，第一遍涂刷干燥后用砂纸打磨，将腻子灰扫干净，再涂刷第二遍。涂刷时要注意接槎严密，一面墙应一气呵成，以免色泽不一致。

3. 质量要求

1）涂饰工程所用涂料的品种、型号和性能应符合设计要求及国家现行标准的有关规定。

2）检查产品合格证书、性能检验报告、有害物质限量检验报告和进场验收记录。

3）涂饰工程应涂饰均匀、粘结牢固，不得漏涂、透底、开裂、起皮和掉粉。

内墙乳胶涂料施工如图 7-15 所示。

7.6.2　木器涂料施工工艺

木器涂料施工是家庭装修中广泛应用的施工工艺，主要用于木制基层表面，施工时将涂

图 7-15　内墙乳胶涂料施工

料涂抹于木器表面，使其与木制基层很好地粘接，除了具有很好的装饰作用外，还可以起到防腐、防蛀、防霉等保护作用。按照刷涂材料的不同，木器涂料施工所用涂料可以分为清漆和混色涂料两种，清漆一般是透明的，主要用于带木纹的木饰面板，表现的是木材本身的纹理和色泽，大多用在硬木上，具有天然的美感，显得自然大方；混色涂料一般不透明，例如用于大芯板、胶合板等进行调合漆施工，一般以白色为多，也有其他色彩。木器涂料施工如图 7-16 所示。

图 7-16　木器涂料施工

1. 清漆施工工艺

（1）工艺流程

木器表面处理→第一遍满批透明腻子→干燥、抹灰面打磨→第二遍满批透明腻子→干燥、抹灰面打磨→刷清漆封固→干燥、打磨→上着色涂料或调色涂料（此步仅限于有变色需求的工程）→干燥、打磨→第一遍涂刷清漆→拼找颜色，腻子修补钉眼和树疤等→干燥、打磨→第二遍涂刷清漆→水磨→第三遍涂刷清漆→水磨→打蜡、擦亮。

（2）主要操作工艺

1）基层处理。在清漆施工前一定要先对基层进行打磨。打磨基层是涂刷清漆的重要工序，应先将木器及木基层表面的灰尘、泥土、油污等杂质清理干净，木基层表面的飞边、掀岔等缺陷需用砂纸打光，边角也要修整好。打磨砂纸时应该顺着木纹打磨，先磨脚线后磨平面，打磨时要掌握力度，防止露底。在打磨过程中要求大面磨平磨光，待磨光后用湿布或者棉丝将表面清扫干净。基层表面处理好后应尽快涂刷涂料，以免重新污染。打磨结束之后首先要在木器表面刷一层清漆，施工时手握刷子要轻松自然，以便于灵活、方便地移动。操作时要顺木纹涂刷，要求涂刷均匀、不漏刷，漆膜不流坠。

2）批腻子。第一遍涂刷完后用腻子对表面进行修补，调制腻子用到的材料有石膏粉、腻子粉、颜料粉、乳胶和水。首先在石膏粉中混入少量的颜料粉，混入颜料粉的目的是要调出的腻子和木器表面相似，所以要根据实际情况适量加入。将石膏粉与颜料粉混合均匀后，再加入乳胶和水，将它们调和均匀，调和时要求质感细腻、颜色均匀，并且腻子颜色要与木器表面颜色基本相同。腻子主要是用来修补原有木器上的钉眼和缝隙的，注意抹的时候不要抹得太多，将缝隙补平即可，多余的腻子要用刮刀刮掉。批腻子施工要求抹灰面密实平整，减少刮痕、接痕。

3）干燥、打磨。待腻子完全干燥后还要用砂纸对木器表面进行再打磨，这次打磨的目的是抹平腻子留下的痕迹，使木器表面更加平整，腻子和木器表面的结合更加牢固。打磨时用力要均匀，要保证整个漆膜都要磨到。基层批腻子并干燥后，用细砂纸打磨抹灰面，磨平突出部位、修补凹陷，打磨后抹灰面应平整密实。

4）涂刷透明清漆。打磨完毕后开始第二遍清漆涂刷，刷第二遍清漆时不要加任何稀释剂，涂刷要饱满，漆膜可以略厚一些。操作时要横、竖方向多刷几遍，使其光亮、均匀、无流坠。刷第二遍清漆后，按照第一遍清漆的处理方法磨光、擦净，如果还有不平整，要用腻子再次修补，接着涂刷第三遍清漆。每遍涂刷的间隔应以前一遍涂料的表面干透为止，这个间隔一般夏季为6h，冬季为24h。木器涂刷透明清漆一般不少于5遍，涂刷顺序为自上而下，涂刷时应连续迅速操作，先细部，后大面。涂刷应均匀，不能有漏刷、流挂等现象。

5）涂刷面漆。涂刷面漆采用刷涂、辊涂或喷涂均可。第一遍涂刷干燥后，用砂纸打磨，将灰扫干净，再涂第二遍。涂刷时要注意衔接严密，以免色泽不一致。一般来说，面漆涂刷遍数达到设计要求即可，一般需要涂刷4～8遍，但不宜超过10遍。如在潮湿天气施工，漆膜会有发白现象，适当加入10%～15%的硝基磁化白水稀释剂便可消除。

6）验收。腻子与基层要求结合坚实、牢固，漆膜无起皮、无脱皮，且无粉化及裂纹。检查漆面的平滑度、硬度、光泽度、饱和度是否合格，应无漏刷、发白、反锈和明显刷纹。装饰线、分色线偏差不大，阴（阳）角整齐、顺直。另外，还要注意做到木纹清晰、棕眼刮平、颜色基本均匀一致。

（3）质量要求

1）溶剂型涂料涂饰工程所选用涂料的品种、型号和性能应符合设计要求及国家现行标准的有关规定。

2）溶剂型涂料涂饰工程的颜色、光泽、图案应符合设计要求。

3）溶剂型涂料涂饰工程应涂饰均匀、粘结牢固，不得漏涂、透底、开裂、起皮和反锈。

2. 混色涂料施工工艺

（1）工艺流程

清理木器表面→第一遍满批腻子→干燥、抹灰面打磨→第二遍满批腻子→干燥、抹灰面打磨→刷封固底漆（面漆或专用底漆）→干燥、抹灰面打磨→第一遍涂刷混色涂料→腻子修补钉眼和树疤等→干燥、打磨→第二遍涂刷混色涂料→水磨→第三遍涂刷混色涂料→水磨→打蜡、擦亮。

（2）主要操作工艺

1）基层处理。混色涂料在涂刷之前要对木器表面进行打磨，所有部位要打磨均匀，这对保证涂刷质量有很关键的作用。

2）批腻子。打磨结束后要在木制品表面满刮一层腻子。调和腻子的材料有光油、石膏粉和水，三者的比例是3:6:1，混合后把腻子打成糊状就可以刮了。刮的时候不要漏刮、要收尽，同时腻子的厚度不能太厚。

3）干燥、打磨。待腻子干燥后用细砂纸打磨平整，用纱布将木器表面擦拭干净。如果感觉效果不理想可以再刮一遍，然后涂底漆。

4）涂底漆。底漆中一般要加入固化剂和稀释剂（底漆:固化剂:稀释剂 = 1:0.5:1），涂刷要均匀，不要有明显的抹痕。底漆厚度一般为1mm。底漆干燥4h后用细砂纸打磨，打磨之后可以涂刷面漆。

5）涂刷面漆。面漆目前多采用喷涂，特点是涂膜外观质量好、工人劳动强度低、适合大面积施工作业。喷涂前首先要将面漆、固化剂、稀释剂按照1:0.5:1的比例调和均匀，操作前用喷枪试喷以调整喷枪的距离和喷涂量，以喷出均匀不流挂为宜。喷涂时喷嘴对准被喷涂表面，保持直线状态，喷嘴与表面距离为300~400mm，距离过近会出现发白和厚度过厚的现象，太远会使喷到木器表面的涂料过少造成浪费。喷涂时走"之"字形路线，要横向喷涂和纵向喷涂交叉进行，喷涂范围一般是直线喷涂700~800mm后再回转反方向喷涂。一般根据实际需要选择横向或者纵向喷涂方法。

（3）质量要求

1）溶剂型涂料涂饰工程所选用涂料的品种、型号和性能应符合设计要求及国家现行标准的有关规定。

2）溶剂型涂料涂饰工程的颜色、光泽、图案应符合设计要求。

3）溶剂型涂料涂饰工程应涂饰均匀、粘结牢固，不得漏涂、透底、开裂、起皮和反锈。

7.6.3　天然真石漆施工工艺

1. 施工准备

（1）主要材料　封闭底漆、水泥、天然真石漆、胶带、面漆、建筑胶、稀释剂、砂布。

（2）主要机具　空气压缩机、喷枪、手提式搅拌器、简易水平器、刷子等。

2. 作业条件

1）门窗按设计要求安装好，并密封洞口四周的缝隙。

2）对基层的要求：

基层抹灰验收合格，且墙面的湿度<10%；完成雨水管卡、设备、洞口、管道的安装，并将洞口四周用水泥砂浆抹平。

3）要求现场提供380V和220V电源。

4）所有的成品门窗要提前保护。

3. 工艺流程

基层处理→刷封闭底漆→制作缝隙→喷天然真石漆→喷面漆→再次喷面漆→检查施工质量→养护。

4. 操作工艺

（1）基层处理　施工前，基层表面不得有青苔、油脂或其他污染物，且要保持充分干燥。涂有旧涂料的基面，应经试验确认是否可附着施工，否则旧涂料必须铲除。

（2）刷封闭底漆　在基层上均匀地涂刷一层防潮抗碱封闭底漆，以完全封闭基面，起到防渗、防潮、抗碱的作用。注意封闭底漆不可过量兑水，要使其完全遮盖基层。天然真石漆专用底漆与天然真石漆的颜色要接近，可防止天然真石漆因透底出现"发花"现象。

（3）制作缝隙　先用直尺或标线做出直线标记，然后用黑漆描线，再贴美纹纸进行分格。贴美纹纸时必须先贴横线，再贴竖线；封有接头处可钉上铁钉，以免喷涂后找不到胶带源头。

（4）喷天然真石漆　喷天然真石漆前，应将天然真石漆搅拌均匀，装在专用的喷枪内。喷涂时应按从上往下、从左往右的顺序进行，不得漏喷。可先快速地薄喷一层，然后缓慢、平稳、均匀地喷涂，喷涂厚度为 2~3mm。喷涂的效果与喷嘴的大小、喷嘴至墙面的距离有关：当喷嘴口径为 6~8mm，且喷嘴与墙面的距离较大时，喷出的斑点较大，凸凹感比较强烈；当喷嘴的口径为 3~6mm，且喷嘴与墙面的距离较小时，喷出的斑点较小，饰面比较平坦。

（5）喷面漆　在喷面漆之前，要对天然真石漆进行修整，使其平整、光滑，线条要平直，不得漏喷。待天然真石漆完全干透后，则可全面喷涂面漆。注意施工温度不得低于10℃，要喷涂两遍，每遍间隔2h。面漆在干透前为乳白色，干透后则是透明色。

（6）再次喷面漆　再次喷面漆时，要喷涂均匀，无漏喷，线条要清晰、平直、顺直。再次喷涂前，基层表面要求实干。

（7）检查施工质量　对局部质量问题进行修补。

（8）养护　天然真石漆喷涂后应立即小心地撕除美纹纸，不得影响涂膜切角。撕除美纹纸时注意尽量往上拉开，不要往前拉。

5. 质量标准

1）涂饰工程所用材料的品种、型号和性能应符合设计要求及国家现行标准的有关规定。

2）美术涂饰工程应涂饰均匀、粘结牢固，不得漏涂、透底、开裂、起皮、掉粉和反锈。

3）涂饰工程的套色、花纹和图案应符合设计要求。

6. 成品保护

1）在施工中，应对门窗及不施工部位进行遮挡保护。

2）严禁从下往上施工，以免造成颜色污染。

3）严禁碰损墙面，严禁蹬踩，拆脚手架时要特别注意。

随堂测试

多选题

1. 木器涂料的常见种类有（　　　）。

A. 硝基涂料 　　　　　　　　　　　B. 聚酯涂料

C. 聚氨酯涂料 　　　　　　　　　　D. 醇酸涂料

E. 丙烯酸树脂涂料

2. 特种功能涂料包括（　　）。

A. 红色油涂料　　　　　　　　　B. 耐高温涂料

C. 防火涂料　　　　　　　　　　D. 防水涂料

3. 耐高温涂料的特点是（　　）。

A. 自重轻、施工方便　　　　　　B. 抗氧化、绝缘、防水

C. 漆膜耐热性和耐候性较好　　　D. 能有效抑制太阳光线的辐射热

4. 地面涂料的种类有（　　）。

A. 乙烯类地面涂料　　　　　　　B. 环氧地坪涂料

C. 聚氨酯地面涂料　　　　　　　D. 丙烯酸地面涂料

5. 环氧地坪涂料的特点是（　　）。

A. 强度高、耐磨损、美观　　　　B. 无接缝、质地坚实

C. 耐化学药品腐蚀、防腐、防尘　D. 保养方便、维护费用低廉

第八章　织物装饰材料

织物装饰材料在建筑装饰装修过程中发挥着很重要的作用，可以突出设计风格、改善空间形态、体现设计精髓，合理运用织物装饰材料会让家居空间及室内公共空间更具装饰设计感。

壁纸装饰材料

地毯装饰材料

窗帘装饰材料

8.1　墙面装饰织物

墙面装饰织物是指以纺织物和编织物为面料制成的墙布或壁纸，具有美化墙面、增加舒适性以及吸声、隔声等功能，是一种广泛应用的室内装饰材料。

8.1.1　分类

常见墙面装饰织物的分类见表 8-1。

表 8-1　常见墙面装饰织物的分类

名称	实物图例	材料特点	应用特点
复合纸基壁纸		复合纸基壁纸由多层纸面通过施胶、层压、复合后，再经压花、涂布、印刷等工艺制成，其多色印刷及同步压花工艺，使产品具有丰富的色彩效果和鲜明的立体浮雕质感	复合纸基壁纸造价比较低；无异味，火灾事故中发烟量不高，不产生有毒有害气体；多色深压花纸复合壁纸可以达到一般高发泡聚氯乙烯塑料壁纸及装饰墙布的质感、层次感、色泽和凹凸花纹效果。复合纸基壁纸通常宽为 0.9 ~ 0.93m，长度有 30m 和 50m 两种规格
聚氯乙烯（PVC）塑料壁纸		聚氯乙烯塑料壁纸以纸为基材，以聚氯乙烯塑料薄膜为面层，经复合、压延、印花、压花等工艺制成，有普通型、发泡型、特种型（功能型）以及仿瓷砖、仿文化墙、仿碎拼大理石、仿皮革或织物外观效果的众多花色品种	此类产品具有一定的伸缩性和抗拉强度，耐折、耐磨、耐老化，装饰效果好，适用于建筑物内墙、顶棚、梁、柱等贴面的装饰。其缺点是有的品种会散发塑料异味，火灾燃烧时发烟量较高，有一定的危害

（续）

名称	实物图例	材料特点	应用特点
织物装饰壁纸		织物装饰壁纸由棉、麻、毛、丝等天然纤维和化学纤维等制成的各种色泽、花式的粗（细）纱或织物，与纸质基材复合制成。另有用扁草、竹丝或麻条与棉线交织后同纸质基材贴合制成的植物纤维壁纸，也属于此类，具有鲜明的肌理效果	大部分品种具有无毒、环保、吸声、透气及一定的调湿和保温等特点，饰面的视觉效果独特，尤其是天然纤维给人以质感淳朴、生动的效果。其缺点是易脏且不易清洗，易受物理损伤，对保养要求较高。织物装饰壁纸通常宽为 0.9 ~ 0.93m，长度有 30m 和 50m 两种规格。其中，植物纤维壁纸的厚度为 0.3 ~ 1.3mm，宽一般为 9.6m，长多为 5.5m
金属膜壁纸		金属膜壁纸是在纸质基材上涂一层电化铝箔薄膜，再经压花制成	它具有不锈钢、黄金、白银、黄铜等金属的质感与光泽，具有华贵的装饰效果，并且耐老化、耐擦洗、无毒、无味、不褪色、使用寿命长。该产品多用于室内顶棚、柱面的裱糊以及墙面局部范围与其他饰面的配合进行贴覆装饰
玻璃纤维壁纸		玻璃纤维壁纸以中碱玻璃纤维为基材，表面涂以耐磨树脂，再印上彩色图案制成	它具有色彩鲜艳、绝缘、耐腐蚀、耐湿、防火、防水、耐高温、强度高等特点，且容易擦洗。玻璃纤维壁纸的规格通常为厚 0.17 ~ 0.2mm，宽 850 ~ 900mm。其主要适用于各种室内墙面装饰，有的品种可以用于室内卫生间、浴室等的墙面装饰
无纺布墙纸		无纺布墙纸采用棉、麻等天然纤维和涤纶等化学纤维经定向或随机排列后，通过印染、摩擦、抱合或黏合等工艺制成	其特点是柔软、富有弹性、不产生纤维屑、不易折断、耐老化、不褪色、韧度高、耐用、有一定的透气性和防潮能力、可擦洗且粘贴方便等优点。无纺布墙纸的规格通常为厚 0.12 ~ 0.18mm，宽 850 ~ 900mm
化纤装饰墙布		化纤装饰墙布以涤纶、腈纶、丙纶等化学纤维为材料，经多道工艺处理、印花制成	它具有无毒、无味、透气、防潮、耐磨、无分层等特点，适用于建筑的室内装饰。其主要规格为厚 0.15 ~ 0.18mm，宽 820 ~ 840mm，每卷长 50m

（续）

名称	实物图例	材料特点	应用特点
棉质装饰墙布		棉质装饰墙布由纯棉平布经多道工艺处理、印花、涂层制作制成	这种墙布的特点是强度大、静电小、蠕变小、无味、无毒、吸声、花形繁多，主要适用于各种公共建筑及民用住宅的内墙装饰
绸缎、丝绒、呢料装饰墙布		绸缎为我国传统棉纺装饰墙布织物，用于裱糊墙面可张显华贵之美；但其施工复杂，也不易清洗，所以使用不多。丝绒装饰墙布色彩绚丽，可营造出豪华感。呢料装饰墙布质地厚重，可给人温暖感，吸声、保温效果很好	这类墙布具有优良的装饰效果，并有一定的吸声功能，且易于清洁，为建筑室内高档裱糊饰面材料，可以用于墙面或柱面的水泥砂浆基层、木质胶合板基层及纸面石膏板等轻质板材基层的表面

8.1.2　技术性质

（1）平挺性　平挺性主要用于反映墙面装饰织物织缩率的性能，这个性能直接影响到裱贴施工的效果。无织缩率或织缩率较小的墙面装饰织物具有平挺性好、不易弯曲变形、容易保持尺寸等特点。同时，墙面装饰织物的密度也会影响装饰效果，若织物密度过小，过于稀疏单薄，施工过程中使用的胶粘剂容易渗透到织物里面，形成色斑。

（2）粘贴性　粘贴性主要是指墙面装饰织物粘贴后表面平整、粘结牢固、无翘起剥离的性能；同时，要求在更换墙面装饰织物时，又能剥离方便、易于清除。

（3）耐污染能力　耐污染能力主要是指墙面装饰织物抵抗空气中灰尘、细菌、微生物侵蚀的能力。耐污染能力好的墙面装饰织物能保持长期清洁，不易发霉，有些经过拒水、拒油处理后不易沾尘，去污也方便，使用寿命很长。

（4）耐光性　耐光性主要是指墙面装饰织物经受长时间阳光照射后，抑制织物出现老化、褪色、色牢度下降等现象的性能。耐光性好的墙面装饰织物，能长久保持色牢度和花色的鲜艳程度。

（5）吸声性能　吸声性能主要是指纤维吸收声波、衰减噪声的能力，可以通过增加织物的凹凸效应来增强吸声性能。

（6）阻燃防火性能　阻燃防火性能主要是指对墙面装饰织物根据不同的环境做出相应的防火规定。一般是将墙面装饰织物粘贴在墙壁基材上进行试验，根据墙面装饰织物的发热量、发烟系数、燃烧所产生气体的毒性情况来确定阻燃防火性能。

8.2　地毯

地毯是以棉、麻、毛、丝、草等天然纤维或合成纤维为原料，经手工或机械工艺进行编结、栽绒或纺织制成的地面覆盖物。地毯最初仅用于铺地，起抵御寒湿、利于坐卧的作用。在后来的发展过程中，由于民族文化的发展和手工技艺的发展，逐步发展成为一种高级的装饰品，既具隔热、防潮、减少噪声等功能，又有高贵、华丽、美观的装饰效果。

8.2.1　根据地毯材质分类

根据材质不同，地毯主要可分为纯毛地毯、化纤地毯、混纺地毯、植物纤维地毯、塑料地毯和橡胶地毯，如图 8-1 所示。

图 8-1　地毯按材质分类

（1）纯毛地毯　纯毛地毯主要原料为纯毛线，具有质地厚实、柔软舒适、弹性大、拉力强、装饰效果好等优点，属于高档铺地装饰材料。但易腐烂、霉变、虫蛀，且价格较贵。

（2）化纤地毯　化纤地毯以丙纶、腈纶等化学纤维为原料，经簇绒法或机织法制成面层，再以麻布为底加工制成。其外观及触感酷似纯毛地毯，具有耐磨、质量小、弹性好、脚感舒适等优点，且价格便宜。

（3）混纺地毯　混纺地毯以羊毛纤维与合成纤维混编而成，性能介于羊毛地毯和化纤地毯之间。混编的合成纤维不同，其性能也不同。在羊毛纤维中加入尼龙纤维，可使地毯的耐磨能力显著提高。混纺地毯的装饰效果类似纯毛地毯，但价格较便宜。

（4）植物纤维地毯　植物纤维地毯以植物纤维为主要原料制成，一般包括剑麻地毯、棕地毯、水草地毯和竹地毯。其中剑麻地毯最为常用，它是以剑麻纤维为原料，经纺纱、编织、涂胶、硫化等工序制成，耐酸碱、耐磨、无静电，但质感粗糙、弹性较差。

（5）塑料地毯　塑料地毯以聚氯乙烯树脂为基料，加入填料、增塑剂等多种辅助材料和添加剂，经混炼、塑化，最后在地毯模具中成型。塑料地毯具有质地柔软、颜色鲜艳、经久耐用、自熄不燃、不霉烂、不虫蛀、清洗方便等优点。

（6）橡胶地毯　橡胶地毯以天然橡胶或合成橡胶为原料，加入其他化工原料，经热压、硫化后，在地毯模具中成型。橡胶地毯具有防霉、防潮、防滑、耐腐蚀、防虫蛀、绝缘、易清洗等优点，可用于浴室、走廊、游泳馆、商场等潮湿或经常淋雨的地面铺设。各种绝缘等级的特制橡胶地毯还广泛用于配电室、计算机房等场所。

8.2.2　根据毯面加工工艺分类

根据毯面加工工艺的不同，地毯主要分为手工类地毯和机制类地毯，如图 8-2 所示。

（1）手工类地毯　手工类地毯以手工编制加工而成，因编制方法不同，又可分为手工打结地毯、手工簇绒地毯、手工绳条编织地毯和手工绳条缝结地毯。其中，手工打结地毯多采用双经双纬织法，通过人工打结栽绒，绒毛层与基底一起织成，具有做工精细、色彩丰富、图案多样的特点，属于高档地毯；但生产成本较高，价格昂贵。

图 8-2　地毯按毯面加工工艺分类

（2）机制类地毯　机制类地毯由机械设备加工制成，因编制工艺不同可分为机织地毯、簇绒地毯、针织地毯、针刺地毯和无簇绒地毯。簇绒地毯是目前生产化纤地毯的主要工艺，通过带有一排往复式穿针的纺机织出厚实的圈绒，再用刀对圈绒顶部进行横向切割。簇绒地毯的绒毛长度可以调整，一般割绒后的绒毛长度为 7～10mm。簇绒地毯弹性较好，脚感舒适，并可在毯面上印染各种花纹图案。簇绒地毯一般分为圈绒地毯、割绒地毯和圈割绒地毯，如图 8-3 所示。无纺地毯是以无经纬织法编织成的短毛地毯，将绒毛线用特殊的钩针刺在由合成纤维构成的网布底衬上，再在其背面涂上胶层，使之粘牢无纺地毯。按材料不同，无纺地毯又可分为纯毛无纺地毯、化纤无纺地毯、植物纤维无纺地毯等。无纺地毯生产工艺简单、成本较低、价格便宜，但弹性和耐久性较差。

图 8-3　机制类地毯分类

8.2.3　根据地毯幅面形状分类

根据幅面形状不同，地毯可分为块状地毯和卷状地毯。

（1）块状地毯　不同材质的地毯均可成块供应，即块状地毯，形状有方形、长方形、圆形、椭圆形等，一般规格为（610～3600）mm×（610～6170）mm。块状地毯具有铺设方便、灵活，整体使用寿命较长，可及时更换坏损的局部，经济、美观等特点。

（2）卷状地毯　不同材质的地毯可按整幅成卷供应，即卷状地毯，其幅宽为 1～4m，每卷长度一般为 20～50m，也可按要求加工定制。卷状地毯适合室内满铺，但局部损坏后不易更换。楼梯和走廊所用的卷状地毯为窄幅专用地毯，幅宽有 700mm 和 900mm 两种，整卷长度为 20m。

8.3 窗帘帷幔

窗帘帷幔具有遮光、保温、挡灰尘、隔声、营造房间气氛、柔化室内空间生硬的线条的特点，可提供柔和、温馨、浪漫、安静的私人空间，在建筑装饰装修中有着不容忽视的功能。

8.3.1 分类

窗帘帷幔种类繁多，大体可分为成品帘、布艺帘和窗纱三大类。

1. 成品帘

（1）卷帘 卷帘主要适用于有大面积玻璃幕墙的场所，如办公空间、餐饮空间、家居空间等，如图8-4所示。卷帘具有收放自如、体积小、外表美观简洁、结构牢固耐用、改造室内光线等特点。卷帘按面料分为半遮光卷帘、半透光卷帘、全光卷帘；按控制方式分为手动卷帘、电动卷帘、弹簧半自动卷帘。

图8-4 卷帘的应用

（2）折帘

1）百叶帘。百叶帘的最大特点是能任意调节光线，使室内光线富有变化。百叶帘具有良好的隔热能力、遮阳能力、柔韧性，不易变形且能阻挡紫外线。当帘片平行放置时，光线变得柔和，既可适当保持隐私，又可观看窗外景色；帘片合拢时，室内外就完全"隔离"了。百叶帘一般分为木百叶帘、铝百叶帘、竹百叶帘等。百叶帘的帘片应表面光滑、韧度好、抗晒、不褪色、不变形。百叶帘的应用如图8-5所示。

图8-5 百叶帘的应用

2）百折帘。百折帘由单层的纤维布制成，轻巧、实用又美观，能上下操作、左右定位、折叠而上，并能根据实际形状定制成圆形、半圆形、八角形、梯形等造型。由于百折帘特有的折叠造型，其遮阳面积、反光面积比其他窗帘要大，因此遮光效果较好。百折帘经高温高压定型、定色，不褪色、不变形，且具有防静电效果及阻隔紫外线的作用，其全透视的效果能营造出不一样的室内氛围。百折帘的应用如图8-6所示。

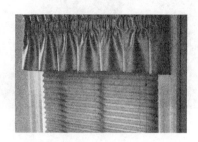

图 8-6　百折帘的应用

3）蜂房帘。蜂房帘设计独特，拉绳隐藏在中空层，外观美丽，简单实用，如图8-7所示。蜂房帘抗紫外线能力较强，防水性能和隔热功能较好，可保护家居用品和保持室内温度，达到很好的节能效果，并能有效地防静电，易清洗。

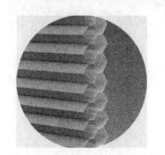

图 8-7　蜂房帘的应用

2. 布艺帘

布艺帘是指用装饰布经设计、缝纫制成的窗帘。布艺帘具有保暖、隔声、遮挡光线和视线的功能，可营造出温馨的私密空间氛围，如图8-8所示。布艺帘的悬挂款式可采用双幅平开落地式垂帘，也可根据需要采用单幅帘或半截帘。布艺帘的面料有毛料、麻布、棉、真丝等天然纤维，也可用涤纶等人造纤维。

由毛料、麻布编织的布艺帘属厚重型织物，这些材料保温、隔声、遮光效果较好，优秀的垂感和肌理感易烘托室内的庄重、大方、粗犷、古典等风格。由棉编织而成的窗帘属柔软细腻型织物，面料质地柔软、手感好，其绒质效果能体现华贵、温馨之感。由真丝和人造纤维制成的布艺帘属于薄质窗帘，丝质面料给人以高贵、华丽、自然、飘逸之感。

涤纶等人造纤维面料具有挺直、色泽艳丽、不褪色、不缩水、便于清洗等特点，但遮光性、保温效果、隔声效果较差，不宜单独制成窗帘，可作为窗帘的最内层。

3. 窗纱

一般情况下，窗纱与窗帘布是配套使用的，可透气通风，给室内环境增添柔和、若隐若现的朦胧感和浪漫感，如图8-9所示。窗纱既可以遮光又不影响采光，可避免家具和地板在

图 8-8　布艺帘的应用

强光下出现褪色。窗纱的面料可分为涤纶、仿真丝、麻或混纺织物等；根据其工艺可分为印花窗纱、绣花窗纱、提花窗纱等。

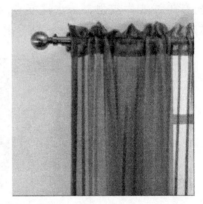

图 8-9　窗纱的应用

8.4　织物装饰材料施工工艺

8.4.1　裱糊施工工艺

1. 主要材料

（1）壁纸　检查壁纸是否存在色差、气泡，图案是否精致且有层次感。用手触摸壁纸，感觉其图层密实度和厚度是否一致。用微湿的布用力擦拭壁纸表面，如出现脱色或脱层则说明质量不好。

（2）胶粘剂

①801 胶。

②聚醋酸乙烯胶粘剂（白乳胶）。该胶粘剂黏结性能较好，适合粘贴比较单薄且有轻度透底的壁纸，如玻璃纤维墙布。

③SG8104 胶。

④粉末壁纸胶。

2. 主要工具

裱糊施工主要工具如图 8-10 所示。

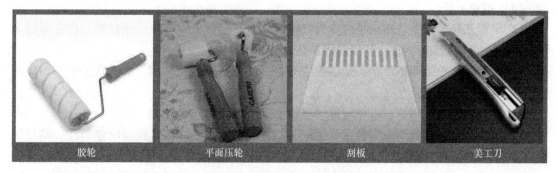

| 胶轮 | 平面压轮 | 刮板 | 美工刀 |

图 8-10　裱糊施工主要工具

3. 工艺流程

清理基层→涂刷防潮底漆和底胶→弹线→刷建筑胶→裱糊→修整。

4. 操作工艺

（1）清理基层　根据基层不同的材质采用不同的处理方法：

1）混凝土及抹灰基层处理：施工前要满刮腻子一遍，并用砂纸打磨。有的混凝土面、抹灰面有气孔、麻点、凹凸不平时，为了保证质量，应增加满刮腻子和砂纸打磨的遍数。

2）木基层处理：木基层要求接缝不显接槎，接缝、钉眼应用腻子补平并满刮油性腻子，最后用砂纸磨平。

3）石膏板基层处理：纸面石膏板一般比较平整，批、抹腻子主要是在对缝处和螺钉孔处。对缝处批、抹腻子后，还需用棉纸带贴缝，以防止对缝处开裂。

4）不同基层相接处的处理：不同基层材料的相接处，如石膏板与木夹板、水泥或抹灰基面与木夹板、水泥基面与石膏板之间的相接处，应用棉纸带或穿孔纸带粘贴封口，以防止裱糊后的壁纸面层被拉裂撕开。

（2）涂刷防潮底漆和底胶　为了防止壁纸受潮脱胶，一般要对准备裱糊聚氯乙烯塑料壁纸、复合纸基壁纸、金属膜壁纸的墙面涂刷防潮底漆。该底漆既可刷涂，也可喷涂，漆膜不宜太厚，且要均匀一致。刷底胶是为了增加黏结力，并防止处理好的基层受潮粘污。底胶一般用 108 胶配少许甲醛纤维素加水调成，底胶既可刷涂，也可喷涂。

在涂刷防潮底漆和底胶时，室内应无灰尘，且要防止灰尘和杂物混入配好的底漆或底胶中。底胶一般是一遍成活，不能漏刷、漏喷。

（3）弹线　确定从哪个阴角开始按照壁纸的尺寸进行分块弹线控制（习惯做法是进门左侧阴角处开始铺贴第一张）。有挂镜线的按挂镜线弹线，没有挂镜线的按设计要求弹线控制。

具体操作方法：按壁纸的标准宽度找规矩，每个墙面的第一行壁纸都要弹线找垂直，第一条线距墙阴角约 15cm，作为裱糊时的准线。在第一行壁纸位置的墙顶处敲进一枚墙钉，将铅锤线系上，铅锤下吊到踢脚板上缘处；铅锤线静止不动后用手紧握铅锤头，按铅锤线的位置用铅笔在墙面画一短线，再松开铅锤头查看铅锤线是否与铅笔短线重合。如果重合，就用一只手将铅锤线按在铅笔短线上，另一只手把铅锤线往外拉，放手后使其弹回，便可得到墙面的基准垂线，弹出的基准垂线越细越好。每个墙面的第一条基准垂线应该定在距墙角约15cm处，墙面上有门窗洞口的应增加门窗两边的基准垂线。

（4）刷建筑胶

1）聚氯乙烯塑料壁纸在裱糊前应先将壁纸用水润湿数分钟，墙面裱糊时，应在基层表面涂刷胶粘剂；顶棚裱糊时，基层表面和壁纸背面均应涂刷胶粘剂。

2）复合纸基壁纸不得浸水，裱糊前应先在壁纸背面涂刷胶粘剂，放置数分钟，裱糊时基层表面应涂刷胶粘剂。

3）织物装饰壁纸不宜在水中浸泡，裱糊前宜用湿布清洁背面。

4）金属膜壁纸在裱糊前应浸水 1～2min，阴干 5～8min 后在其背面刷建筑胶。刷建筑胶应使用专用的壁纸粉胶。

5）玻璃纤维壁纸、无纺布墙纸在裱糊前无需进行湿润，基层表面刷建筑胶的宽度要比壁纸宽约 3cm。

刷建筑胶要全面、均匀、不裹边、不起堆，以防溢出弄脏壁纸；但也不能刷得过少，甚至刷不到位，以免壁纸粘结不牢。

（5）裱糊　裱糊壁纸时，首先要垂直，然后对花纹、拼缝，再用刮板用力抹压平整。原则是先垂直、后水平，先细部、后大面；贴垂直面时先上后下，贴水平面时先高后低；从墙面所弹基准垂线开始至阴角处收口。裱糊时一般采用拼缝贴法，先对图案，后拼缝。从上至下图案匹配后，再用刮板斜向刮建筑胶，将拼缝处赶密实，并清理干净赶出的胶液。阴阳角处理：阳角不可拼缝，搭接壁纸绕过墙角的宽度不大于12mm；阴角壁纸拼缝时应先裱压在里面转角处的壁纸，再裱压非转角处的壁纸。阳角搭接面应根据垂直度确定，一般搭接宽度不小于3mm，并且要保持垂直无毛边。

（6）修整　全部裱糊完后要进行修整，割去底部和顶部的多余部分及搭接的多余部分。

5. 质量要求

1）壁纸、墙布的各类、规格、图案、颜色和燃烧性能等级应符合设计要求及国家现行标准的有关规定。

2）裱糊工程基层处理的质量应符合高级抹灰的要求。

3）裱糊后的各幅拼接应横平竖直，拼接处的花纹、图案应匹配，应不离缝、不搭接、不显拼缝。

4）壁纸、墙布应粘结牢固，不得有漏贴、补贴、脱层、空鼓和翘边。

裱糊施工构造如图8-11所示。

8.4.2　地毯面层施工工艺

1. 主要材料

（1）地毯　在挑选地毯时，要查看地毯的毯面是否平整，毯边是否平直，有无瑕疵、油斑、污点、色差；要求抗静电、耐燃、耐磨、耐热、易清洗及规格等指标符合设计要求；颜色要一致，光泽要柔和。

（2）辅助材料　地毯衬垫、倒刺板、接缝烫带等，如图8-12所示。

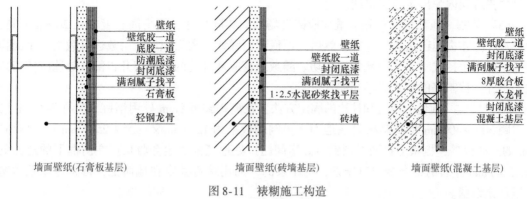

墙面壁纸(石膏板基层)　　墙面壁纸(砖墙基层)　　墙面壁纸(混凝土基层)

图 8-11　裱糊施工构造

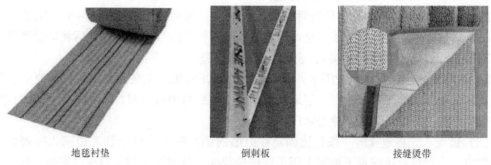

地毯衬垫　　　　　　　倒刺板　　　　　　　接缝烫带

图 8-12　地毯面层施工辅助材料

2. 主要工具

地毯面层施工主要工具包括剪刀、地毯撑、边铲、熨斗等，如图 8-13 所示。

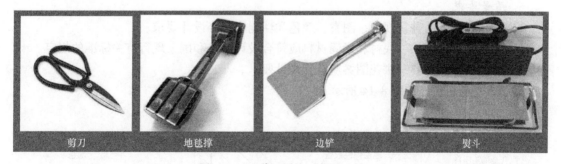

剪刀　　　　　　地毯撑　　　　　　边铲　　　　　　熨斗

图 8-13　地毯面层施工主要工具

3. 工艺流程

清理基层→弹线、套方、分格、定位→裁割→固定→缝合→铺设→修整、清洁。

4. 操作工艺

（1）清理基层　水泥砂浆或其他地面的质量保证项目和一般项目，均应符合验评标准。地面在铺设地毯前应干燥，其含水率不得大于 8%。对于酥松、起砂、起灰、凹坑、油渍、潮湿的地面，必须返工后方可铺设地毯。

（2）弹线、套方、分格、定位　严格依照设计图纸对各个房间的铺设尺寸进行测量，检查房间的方正情况，并在地面弹出地毯的铺设基准线和分格定位线。活动地毯应根据地毯的尺寸在房间内弹出定位网格线。

（3）裁割　地毯裁割首先应量准所铺设场地的实际尺寸，按房间长度加长 20mm 下料；地毯宽度应扣去地毯边缘后计算。然后在地毯背面弹线。大面积地毯用裁边机裁割，小面积地毯一般用手持式裁刀从地毯背面裁切。圈绒地毯应从环毛的中间切开，割绒地毯应使切口绒毛整齐。裁割好的地毯要卷起编号。

（4）固定　地毯沿墙边和柱边的固定方法：在离踢脚板 8mm 处用钢钉（又称为水泥钉）按中距 300 ~ 400mm 将倒刺板钉在地面上。倒刺板采用 1200mm × （24 ~ 25）mm × （4 ~ 6）mm 的三夹板条，板条上钉两排斜铁钉。房间门口处地毯的固定和收口：在门框下的地面处采用厚 2mm 左右的铝合金门口压条，将压条的一面用螺钉固定在地面上，再将地毯毛边塞入以压紧地毯

（5）缝合　纯毛地毯缝合有两种方法：

1）在地毯背面对齐接缝，用直针缝线缝合结实，再在缝合处涂刷 5 ~ 6cm 宽的白乳胶一道，然后粘贴牛皮纸或白布条。也可用塑料胶纸带粘贴以保护接缝。然后将地毯平铺，用弯针在接缝处缝合（绒毛要密实），表面不得显露拼缝。

2）粘结接缝。此方法一般用于有麻布衬底的化纤地毯。先在地面上弹一条直线，沿线铺一条麻布带，在麻布带上涂刷一层地毯胶粘剂，然后将地毯缝对好、粘平。也可用胶带粘结，但须熨烫，并用扁铲在接缝处辗压平实。

（6）铺设　先将地毯的一条长边固定在沿墙的倒刺板上，将地毯毛边塞入踢脚板下面的空隙内。然后将地毯撑置于地毯上用手压住地毯撑，再用膝盖顶住地毯撑胶垫，从一个方向向另一方向逐步推移，使地毯拉平拉直。可多人同步作业，反复并多次直至拉平为止。最后将地毯固定在倒刺板上。地毯的多余部分应裁割掉。

（7）修整、清洁　铺设完毕，修整后将收口条固定。之后，用吸尘器清扫一遍。

5．质量要求

1）地毯材料的品种、规格、图案、颜色和性能应符合设计要求。

2）地毯工程的粘结、底衬和紧固材料应符合设计要求和国家现行有关标准的规定。

3）地毯的铺贴位置、拼花图案应符合设计要求。

地毯面层施工构造如图 8-14 所示。

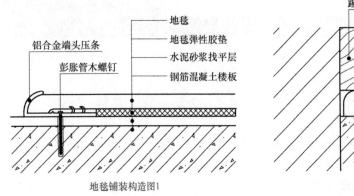

地毯铺装构造图1

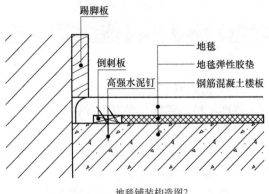

地毯铺装构造图2

图 8-14　地毯面层施工构造

8.4.3　软包墙面施工工艺

1. 主要材料

1）软包墙面的木框、龙骨、底板、面板等木材的树种、规格、质量等级、含水率和防腐处理必须符合设计要求。

2）软包面料、内衬材料及边框的材质、颜色、图案、燃烧性能等级应符合设计要求及现行标准的规定，要具有防火检测报告。普通布料需进行两次防火处理，并检测合格。

3）龙骨一般用白松烘干料，含水率不大于12%，厚度应根据设计要求，不得有腐烂、节疤、劈裂、扭曲等瑕疵，并预先经过防腐处理。龙骨、衬板、边框应安装牢固，无翘曲，拼缝应平直。

4）外饰面用的压条分格框料和木贴脸等面料，一般采用工厂加工的半成品，含水率不大于12%。

2. 主要工具

软包墙面施工主要工具包括电动机、电焊机、手持式电钻、冲击电钻、专用夹具、刮刀、钢直尺、裁刀、刮板、毛刷、排笔、长卷尺、锤子等。

3. 工艺流程

基层处理→吊垂直、套方、找规矩、弹线→木龙骨及墙板安装→面层固定→安装贴脸或装饰边线、刷镶边涂料→修整软包墙面。

4. 操作工艺

（1）基层处理　绒布、皮革或人造革软包，要求基层牢固，构造合理。为防止墙体、柱体的潮气使其基面板底部翘曲变形而影响装饰质量，要求基层做抹灰和防潮处理。通常的做法是，采用1:3的水泥砂浆抹灰做至20mm厚，然后刷涂冷底子油一道，并做一毡二油防潮层。

（2）吊垂直、套方、找规矩、弹线　根据设计要求，把该房间需要软包墙面的装饰尺寸、造型等通过吊垂直、套方、找规矩、弹线等工序，把实际尺寸与造型落实到墙面上。

（3）木龙骨及墙板安装　当在建筑墙面、柱面做绒布、皮革或人造革装饰时，应采用墙筋木龙骨，墙筋木龙骨一般为（20～50）mm×（40～50）mm截面的木方条，钉于墙体、柱体的预埋木砖或预埋木楔上。木砖或木楔的间距与墙筋的排布尺寸要一致，一般为400～600mm间距。通常按设计的要求进行分格或按平面造型的形式进行划分。

固定好墙筋木龙骨之后，即可铺钉夹板作为基面板；然后以绒布、皮革或人造革软包填塞材料覆于基面板之上，采用钉于将其固定于墙筋木龙骨位置；最后以电化铝帽头钉按分格或其他形式的划分尺寸进行钉固。也可同时采用压条，压条的材料可用不锈钢、铜或木条，既方便施工，又可使其立面造型更丰富。

（4）面层固定　绒布、皮革和人造革饰面的铺钉方法主要有成卷铺装法和分块固定法。此外，还有压条法、平铺泡钉压角法等，由设计确定。

1）成卷铺装法。由于绒布、人造革材料可成卷供应，当较大面积施工时，可进行成卷铺装。但需注意，绒布或者人造革卷材的幅面宽度应大于横向木筋中距50～80mm，并保证基面板的接缝置于墙筋木龙骨上。

2）分块固定法。这种做法是先将绒布、皮革或人造革与夹板按设计要求的分格划块进行预裁，然后一并固定于墙筋木龙骨上。安装时，以基面板压住皮革或人造革面层，压边20～30mm，用圆钉钉于墙筋木龙骨上，然后在绒布、皮革或人造革与基面板之间填入衬垫材料进而包覆固定。

须注意的操作要点是：首先必须保证基面板的接缝位于墙筋木龙骨中线；板的另一端不压绒布、皮革或人造革，而是直接钉于墙筋木龙骨上；绒布、皮革或人造革在剪裁时必须大于装饰分格划块的尺寸，并足以在下一个墙筋木龙骨上剩余20～30mm的料头。如此，第二块基面板又可包覆第二片革面并压于其上固定，照此类推完成整个软包面。这种做法多用于酒吧台、服务台等部位的装饰。

（5）安装贴脸或装饰边线、刷镶边涂料　根据设计选定和加工好的贴脸或装饰边线，按设计要求把涂料刷好（达到交活条件），便可进行装饰板安装工作。首先经过试拼，达到设计要求的效果后便可与基层固定并安装贴脸或装饰边线，最后涂刷镶边涂料成活。

（6）修整软包墙面　除尘清理，钉粘保护膜和处理胶痕。

5. 质量要求

1）软包工程的安装位置及构造做法应符合设计要求。

2）软包边框所选木材的材质、花纹、颜色和燃烧性能等级应符合设计要求及现行标准的有关规定。

3）软包衬板的材质、品种、规格、含水率应符合设计要求，面料及内衬材料的品种、规格、颜色、图案及燃烧性能等级应符合现行标准的有关规定。

4）软包工程的龙骨、边框应安装牢固。

5）软包衬板与基层应连接牢固，无翘曲、变形，拼缝应平直。相邻板面接缝应符合设计要求，横向无错位。拼接的分格应保持通缝。

软包饰面构造如图8-15所示。

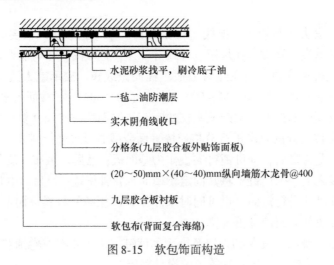

图8-15　软包饰面构造

随堂测试

多选题

1. 地毯根据材质分类，主要可以分为（　　　）。

A. 块状地毯　　　　　　　　　　　　　B. 织物地毯

C. 化纤地毯   D. 塑料地毯

E. 纯毛地毯

2. 壁纸施工常见质量要求有（   ）。

A. 壁纸、墙布的种类、规格、图案、颜色和燃烧性能等级应符合设计要求及国家现行标准的有关规定

B. 裱糊工程基层处理的质量应符合高级抹灰的要求

C. 裱糊后的各幅拼接应横平竖直，拼接处的花纹、图案应匹配，应不离缝、不搭接、不显拼缝

D. 壁纸、墙布应粘结牢固，不得有漏贴、补贴、脱层、空鼓和翘边

3. 常见墙面装饰织物有（   ）。

A. 丝绒壁纸   B. 化纤壁纸   C. 棉纺壁纸   D. 织物壁纸

4. 下面不是玻璃纤维壁纸特点的是（   ）。

A. 壁纸充分展现古朴粗犷的艺术特点

B. 以中碱玻璃纤维为基材，表面涂饰树脂，再印上彩色图案

C. 厚度多为 0.17 ~ 0.2mm

D. 以涤纶、腈纶、丙纶等作为主要材料

5. 织物装饰材料的技术性质有（   ）。

A. 防火性   B. 平挺性

C. 耐光性   D. 阻燃性

E. 粘贴性

参 考 文 献

[1] 刘超英. 建筑装饰装修材料·构造·施工 [M]. 2版. 北京：中国建筑工业出版社，2015.

[2] 王葆华，田晓. 装饰材料与施工工艺 [M]. 武汉：华中科技大学出版社，2017.

[3] 李风. 建筑室内装饰材料 [M]. 北京：机械工业出版社，2018.

[4] 马东，黄志远，吕厚伟. 建筑装饰材料与施工工艺 [M]. 徐州：中国矿业大学出版社，2017.

[5] 葛春雷. 室内装饰材料与施工工艺 [M]. 北京：中国电力出版社，2019.

[6] 郭东兴，张嘉琳. 装饰材料与施工工艺 [M]. 广州：华南理工大学出版社，2005.

[7] 郭洪武，刘毅. 室内装饰材料与构造 [M]. 北京：中国水利水电出版社，2015.

[8] 汤留泉. 图解室内设计装饰材料与施工工艺 [M]. 北京：机械工业出版社，2019.

[9] 杨金铎，李洪岐. 装饰装修材料 [M]. 4版. 北京：中国建材工业出版社，2020.

[10] 赵婷，向敏洁. 室内装饰材料与施工工艺 [M]. 长沙：湖南人民出版社，2018.

[11] 曹春雷. 室内装饰材料与施工工艺 [M]. 北京：北京理工大学出版社，2019.

[12] 吴卫光，张琪. 装饰材料与工艺 [M]. 上海：上海人民美术出版社，2019.

[13] 理想·宅. 室内设计材料手册——饰面材料 [M]. 北京：化学工业出版社，2020.

[14] 陈郡东，赵鲲，朱小斌，等. 室内设计实战指南（工艺、材料篇）[M]. 桂林：广西师范大学出版社，2020.